Die Elektrogymnastik

Von

Dipl.-Ing. Dr. techn. **Hans Nemec**

Wien

Mit einem Geleitwort von

Hofrat Prof. Dr. Josef Kowarschik

Wien

Mit 28 Abbildungen im Text

Wien
Springer-Verlag
1941

ISBN 978-3-7091-9762-2   ISBN 978-3-7091-5023-8 (eBook)
DOI 10.1007/978-3-7091-5023-8

Geleitwort.

Sind die Muskeln des Körpers aus irgendeinem Grund atrophisch
oder paretisch, so besteht die naturgemäße Behandlung darin, daß man
sie üben läßt, um sie durch Ausübung ihrer normalen Funktion zu
kräftigen. Bei der Behandlung aller Paresen und Lähmungen steht die
Übungstherapie an allererster Stelle. In dem Begriff der Paresen und
Lähmungen liegt es jedoch, daß die Bewegungen, wenn überhaupt, so
nur unvollkommen und mit großer Willensanstrengung ausgeführt
werden können, so daß bald Ermüdung eintritt. Hier setzt die Elektrogymnastik ein, die mit Hilfe einer geeigneten Stromform Muskelbewegungen erzeugt, welche den willkürlich gewollten weitgehend ähnlich sind. Da diese Bewegungen aber ohne Mitwirkung des Willens,
d. h. des zentralen Nervensystems zustande kommen, so erfolgen sie
ohne jede nervöse Anstrengung und können somit auch dann noch ausgeübt werden, wenn die Willenskraft bereits erlahmt. Ist die Lähmung
aber eine vollkommene, so ist die Elektrogymnastik häufig überhaupt
das einzige Mittel, die Muskeln zu ihrer physiologischen Funktion an-
zuregen und sie so nicht nur vor dem Verfall zu schützen, sondern
gleichzeitig die Wiederherstellung ihrer willkürlichen Bewegung anzu-
bahnen. Daraus ist wohl ohne weiteres die Bedeutung der Elektrogymnastik für die Behandlung von Muskelschwächen und Muskellähmungen erkennbar. Die Elektrogymnastik soll die gewöhnliche Heil-
gymnastik in keiner Weise überflüssig machen, sie soll sie nur ergänzen
und dort, wo sie unmöglich ist, ersetzen.

Wenn die elektrische Gymnastik noch nicht in jenem Maß bekannt
und gewürdigt ist, wie sie es verdient, so mag das auch daran liegen,
daß die zu ihrer Ausführung dienenden Apparate bisher noch in mancher
Beziehung unzulänglich waren. Dr. Nemec hat sich nun bemüht,
diese zu verbessern und so eine Apparatur zu schaffen, die allen ärztlichen Ansprüchen genügt. Diese Aufgabe ist nicht ganz leicht, denn
sie erfordert ebenso technische wie medizinische Kenntnisse. Man muß
die Elektrotechnik beherrschen, man muß aber auch die Elektrophysio-
logie des gesunden und kranken Menschen kennen, man muß vor allem
die Methode am Kranken selbst therapeutisch ausgeübt haben, um ein
volles Verständnis für die Forderungen des Arztes zu gewinnen und die

Apparatur zielbewußt ausbauen zu können. In mehrjähriger praktischer Arbeit auf meiner Abteilung im Wiener städtischen Krankenhaus Lainz und durch theoretische Studien hat sich Dr. NEMEC jene Kenntnisse erworben, die es ihm im Verein mit seinem physikalisch-technischen Wissen ermöglichten, die gestellte Aufgabe zu lösen. Meiner Anregung folgend, hat er die Grundlagen der Elektrogymnastik, sowohl von der medizinischen wie physikalischen Seite her beleuchtet, in dieser Arbeit dargestellt und die therapeutische Anwendung der Methode beschrieben. Mögen seine Bemühungen dazu beitragen, das Verständnis und das Interesse für dieses so wichtige Behandlungsverfahren in weiteren ärztlichen Kreisen zu wecken und zu vertiefen.

Wien, im September 1941.

J. Kowarschik.

Inhaltsverzeichnis.

Allgemeiner Teil.

Besonderer Teil.

I. Der elektrische Strom im organischen Gewebe.

A. Die Ionisierung.

Die kleinsten Teilchen aller Stoffe bauen sich aus elektrischen Elementargrößen auf. Das Atom besteht aus dem elektro-positiv geladenen Kern, welcher selbst wieder auf elektrische Urelemente zurückgeführt werden kann. Um diesen lagern sich die kleinsten Teilchen negativer Elektrizität, die Elektronen. Die positive Ladung des Atomkernes und die negative der Elektronen sind gleich groß und stehen innerhalb des Atomes im Gleichgewicht, so daß das Atom nach außen hin elektrisch neutral ist, d. h. weder elektrische Kräfte zur Wirkung bringen, noch durch solche beeinflußt werden kann. Durch die Größe der Kernladung und die Anordnung der Elektronen unterscheiden sich die Atome der verschiedenen Elemente.

Auch die chemischen Vorgänge, die zum Aufbau der Moleküle oder zu deren Zerfall in Atome und Atomkomplexe führen, sind elektrischer Natur. Sie beruhen auf Umlagerungen der die einzelnen Atomkerne umgebenden Elektronen. Bei diesen Verschiebungen können den beteiligten Atomen ein oder mehrere Elektronen entrissen werden, wodurch ihr elektrisches Gleichgewicht gestört wird, da die restlichen Elektronen nicht mehr genügen, die positive Kernladung der betreffenden Atome zu kompensieren. Solche Atome oder Atomgruppen besitzen einen Überschuß an positiver Ladung. Andererseits können sich die abgespaltenen Elektronen an noch neutrale Atome und Molekülreste anlagern und ihnen dadurch einen Überschuß an negativer Elektrizität erteilen. Der Vorgang, welcher zur Bildung dieser positiv oder negativ geladenen Teilchen führt, wird Ionisierung genannt, die elektrisch geladenen Teilchen selbst heißen Ionen. Sie unterliegen dem Einfluß äußerer elektrischer Kräfte und wandern im elektrischen Feld. Die positiven Ionen wandern zum negativen Pol, der Kathode, und heißen Kationen; die negativen Ionen streben dem positiven Pol, der Anode, zu und heißen Anionen.

Eine besondere Form der Ionisierung ist die elektrolytische Dissoziation. Sie tritt bei der Auflösung von Salzen, Säuren und Basen in Flüssigkeiten auf und führt zum Zerfall einer mehr oder minder großen Zahl von Molekülen in Anionen und Kationen. Diese Ionenbildung ist die Voraussetzung für das elektrische Leitvermögen einer Flüssigkeit. Bei Einwirkung einer elektromotorischen Kraft wandern die Anionen und Kationen in entgegensetzter Richtung, wodurch ein Doppelstrom von gegenläufig bewegten Ionen entsteht. Da mit diesen aber elektrische Ladungen, also Elektrizität transportiert wird, fließt elektrischer Strom.

Die Ionenbildung durch elektrolytische Dissoziation ist für unsere Betrachtungen von besonderer Bedeutung, da auch die chemischen Stoffe in den Flüssigkeiten des organischen Gewebes in dissoziiertem Zustand als Ionen enthalten sind. Es ist daher der elektrische Strom im menschlichen Körper nichts anderes als eine Wanderung von Ionen.

Die Bewegungsrichtung der Ionen hängt von der Richtung der angelegten Spannung ab. Bei Gleichspannung ist die Bewegungsrichtung konstant, bei Wechselspannung ändert sie sich in deren Rhythmus, so daß es nicht zu einem gleichmäßigen Fortschreiten, sondern zu einem Hin- und Herpendeln der Ionen kommt. Je größer die elektromotorische Kraft, um so größer ist auch die Wanderungsgeschwindigkeit der Ionen. Mit der Größe der Wanderungsgeschwindigkeit steigt aber die verschobene Elektrizitätsmenge und mit ihr die Stromstärke.

B. Die elektrische Reizwirkung.

Konzentrationsänderung und Diffusion. In einem homogenen Lösungsmittel sind die Ionen gleichmäßig verteilt, die Ionenkonzentration ist konstant. Sie bleibt dies auch, wenn unter dem Einfluß einer elektrischen Spannung die Ionen in Bewegung geraten, weil in jedem Augenblick durch jedes Querschnittselement ebenso viele Ionen ein- wie austreten.

Die Wanderungsgeschwindigkeit der Ionen hängt auch von dem Reibungswiderstand des Lösungsmittels ab. Wenn nun Flüssigkeiten aneinandergrenzen, in welchen sich die Ionen mit verschiedenen Geschwindigkeiten fortbewegen, so wird sich an den Trennungsflächen — die wir uns senkrecht zur Stromrichtung denken wollen — die Ionenkonzentration ändern. Sie wird zunehmen, wenn die Geschwindigkeit, mit der die Ionen aus dem einen Lösungsmittel auf die Grenzfläche zustreben, größer ist als die, mit der sie von ihr fort in das andere Lösungsmittel hineinwandern. Dagegen nimmt die Ionendichte ab, wenn die Menge der abfließenden Ionen größer ist als die der zufließenden, also bei umgekehrtem Verhältnis der Wanderungsgeschwindigkeiten oder entgegengesetzter Stromrichtung (Abb. 1).

Der Dichteänderung der Ionen wirkt deren Diffusion entgegen, welche den ursprünglichen Konzentrationszustand wieder herzustellen sucht.

Die Erkenntnisse über die Stromleitung in heterogenen Elektrolyten können auf das organische Zellgewebe angewendet werden, da auch in diesem Lösungsmittel von verschiedener Konsistenz aneinandergrenzen. Das eine Lösungsmittel im Zellverband ist das Protoplasma, das andere die Zellflüssigkeit. Bei Stromdurchgang ändert sich an ihren Grenzschichten die Ionenkonzentration. In dieser Änderung liegt — wie W. NERNST gezeigt hat — das reizauslösende Moment. Eine

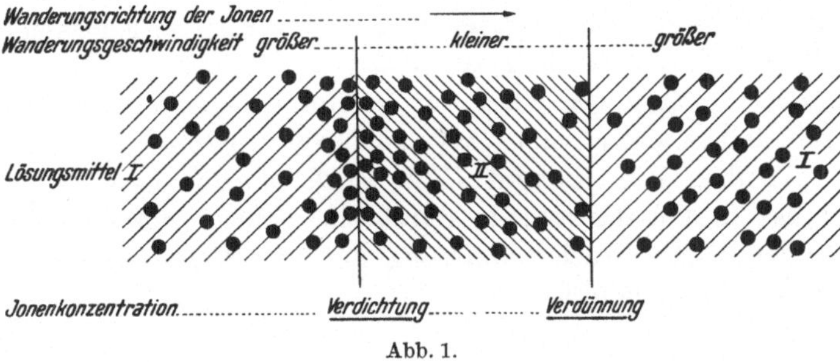

Abb. 1.

Gegenwirkung der Konzentrationsänderung tritt durch die bereits genannte Diffusion der Ionen in Erscheinung, eine zweite ist durch die Polarisation gegeben.

Die Polarisation. Der Widerstand des Gewebes nimmt mit zunehmender Frequenz des Meßstromes ab. Dieser Umstand sowie die direkte Messung mit der Widerstandsbrücke liefern den Beweis, daß das organische Gewebe außer einem Ohmschen Widerstand auch eine Kapazität besitzt. Diese Kapazität wird den Reizzellen selbst zugeschrieben. Wir können uns die Zelle als einen kleinen Kondensator vorstellen, bei welchem zwischen dem Protoplasma und der Zellflüssigkeit als Trennungsschicht eine semipermeable Membran liegt. Die reizbestimmende Konzentrationsänderung der Ionen führt zu einer Aufladung dieser Membran. Hierbei werden polarisatorische Kräfte entwickelt, welche der Ladespannung entgegenwirken. Die Polarisationsspannung steigt mit fortschreitender Aufladung und erreicht schließlich die Größe der einwirkenden Spannung; von diesem Zeitpunkt an ist die Zelle voll aufgeladen. Durch die Polarisation wird also die Reizwirkung des Stromes auf die ersten Zeitelemente seines Fließens zusammengedrängt. Sie entwickelt sich um so rascher, je größer die durch den Strom transportierte Elektrizitätsmenge ist.

Die theoretischen Vorstellungen, welche der elektrischen Reizwirkung zugrunde liegen, können bei der Reizung der motorischen Nerven an dem Reizerfolg, der Muskelzuckung, objektiv verifiziert werden. Einer exakten Messung ist besonders die sog. Minimalzuckung zugänglich. Wir verstehen darunter die kleinste, noch wahrnehmbare Muskelbewegung, welche dann entsteht, wenn die aus Ionenwanderung, Diffusion und Polarisation resultierende Konzentrationsänderung die Reizschwelle erreicht.

Wenn die aus der Konzentrationsänderung und der entgegenwirkenden Diffusion berechneten Werte experimentell überprüft werden, so ergibt sich eine gute Übereinstimmung, solange die Reizdauer sehr kurz ist. Gehen wir aber von den sog. Momentanreizen auf Stromimpulse von längerer Flußzeit über, so treten Abweichungen zwischen den berechneten und den gemessenen Werten auf, und zwar ist der gemessene Reizeffekt kleiner als theoretisch zu erwarten wäre. Dies führt auf den Schluß, daß die Empfindlichkeit der Zellen mit zunehmender Reizdauer abnimmt, daß es also zu einer Art von Gewöhnung oder Akkomodation an den Reiz kommt. Eine Erklärung für diese Erscheinung liefert uns die Polarisation, da durch diese die Ausbildung der reizbedingenden Konzentrationsänderung um so mehr gehemmt wird, je länger der Reiz andauert.

C. Stromform und Reizwirkung.

1. Allgemeines.

Die Wanderungsgeschwindigkeit der Ionen und mit dieser die jeweils durch ein Querschnittselement hindurchtretende Elektrizitätsmenge ist durch den momentanen Spannungszustand bestimmt. Im Gegensatz dazu sind die Größen, welche einen unmittelbaren Einfluß auf die Erregung besitzen, wie die Konzentrationsänderung bzw. die Membranladung der Reizzellen, das Ergebnis aller Vorgänge, die sich vom Beginn des Stromflusses bis zum betrachteten Augenblick abspielten.

Die elektrische Reizwirkung kann daher nicht allein durch die Stromstärke oder die Stromdichte an der Reizstelle beschrieben werden; es ist vielmehr die insgesamt verschobene Elektrizitätsmenge und der zeitliche

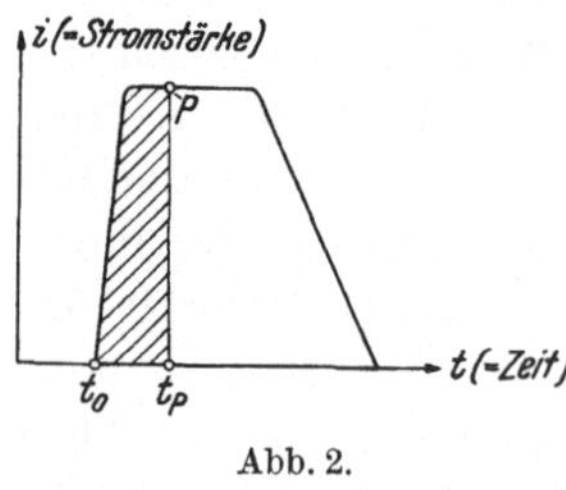

Abb. 2.

Ablauf ihrer Einwirkung in Rechnung zu stellen. Die Elektrizitätsmenge ist durch das Zeitintegral des Stromes vom Beginn der Einwirkung t_0 bis zum betrachteten Zeitpunkt t_p gegeben, dessen Größe durch die schraffierte, von der Stromkurve (Abb. 2) begrenzte Fläche dargestellt wird. Der zeitliche Verlaufscharakter wird durch die Form der Stromkurve selbst wiedergegeben.

Die Wirkung der elektrischen Reizung auf den Muskel — die Muskelkontraktion — ist um so größer, je kräftiger der Reiz ist. Für einen Reiz von gegebener Größe wird die Stärke der Muskelkontraktion durch die verschiedenen Reaktionsweisen des Gewebes bestimmt. Zu diesen zählen die Empfindlichkeit der Zellen gegenüber Dichteänderungen der Ionen, die Diffusionsgeschwindigkeit der Ionen und die Schnelligkeit, mit der sich die polarisatorischen Gegenkräfte entwickeln. Bei Erkrankungen der motorischen Fasern können diese Faktoren weitgehend geändert sein, wodurch sich bedeutende Abweichungen des Reizeffektes ergeben.

2. Der konstante Gleichstrom.

Bei konstanter Richtung und Stärke des Stromes ist die verschobene Elektrizitätsmenge in jedem Zeitpunkt gleich groß. Es wird sich ein stationärer Zustand einstellen, da die Konzentrationsänderung an den Zellmembranen durch die sich voll entfaltende Gegenwirkung von Diffusion und Polarisation begrenzt und auf konstantem Wert gehalten wird. Dieser ist um so größer, je größer die der Reizstelle zugeführte Stromstärke ist. Für die therapeutisch verwendeten Stärken des konstanten galvanischen Stromes wird im allgemeinen die Reizschwelle nicht erreicht, so daß durch die konstante Galvanisation gewöhnlich keine Muskelkontraktion zustande kommt.

Das gleiche gilt für jede Stromänderung, die langsam genug abläuft, um der Diffusion und Polarisation Zeit zu geben, sich in voller Stärke zu entwickeln und dadurch die Konzentrationsänderung der Ionen nicht über das für die Reizschwelle erforderliche Maß anwachsen zu lassen.

Daß der konstante galvanische Strom einen — wenn auch im normalen unterschwellig bleibenden — Reiz darstellt, erkennen wir an seiner Fähigkeit, die Erregbarkeit für andere, gleichzeitig zugeführte Reize zu steigern. Wir machen nicht selten die Beobachtung, daß ein gelähmter Muskel willensmäßig etwas betätigt werden kann, wenn konstanter Gleichstrom zugeführt wird. Dies beweist eine Erregbarkeitssteigerung für Willensimpulse. Auf eine solche für elektrische Reize haben zuerst Babinski, Delherm und Jarkowski hingewiesen. Wird eine Extremität der Länge nach konstant galvanisiert und werden die einzelnen Muskeln gleichzeitig elektrisch gereizt, so zeigt sich, daß häufig die Kontraktionen stärker sind als ohne galvanische Durchströmung oder, daß solche schon durch Reizstärken ausgelöst werden, die für sich allein noch zu keiner Reaktion führen.

In gewissen Fällen vermag auch der konstante galvanische Strom oder eine langsame Stromschwankung den Muskel zur Zusammenziehung zu bringen. Wir können dies nicht selten dann beobachten, wenn die motorischen Nerven so weit degeneriert sind, daß sie ihre elektrische Erregbarkeit verloren haben und eine Kontraktion nur noch durch eine direkte Reizung der Muskelfasern ausgelöst werden kann. Der Grund für diese abweichende Reaktionsweise liegt in der geringen oder überhaupt fehlenden Fähigkeit der Muskelfasern, die Gegenwirkungen der Diffusion und Polarisation zu mobilisieren. Damit fehlt aber auch die Notwendigkeit, diesen Faktoren durch einen raschen Ansprung der Stromstärke zuvorzukommen, um die Reizschwelle zu erreichen.

3. Der Stromstoß.

Unter Stromstoß wollen wir die Verschiebung einer Elektrizitätsmenge verstehen, die ihrem zeitlichen Ablaufe nach geeignet ist, eine Einzelzuckung des gesunden Muskels hervorzurufen. Die Stärke und Art des Reizerfolges hängt hierbei von der Stromkurve ab. Zur Diskussion ihres Einflusses wollen wir sie in drei getrennte Phasen unterteilen: Den Stromanstieg, die Dauer des Stromstoßes und den Stromabfall.

Der Stromanstieg. Je kleiner der Zeitraum, in dem eine Stromänderung von bestimmter Größe vor sich geht, um so größer die Reizwirkung. Diese von Dubois-Reymond entdeckte Gesetzmäßigkeit, welche die Proportionalität zwischen der Reizwirkung und der Steilheit des Stromanstieges beinhaltet, ist darin begründet, daß die Konzentrationsänderung um so größer ist, je weniger den Ionen Zeit gegeben wird, durch Diffusion ihre Anhäufung an den Grenzschichten auszugleichen und polarisatorische Kräfte zu wecken, die der Membranaufladung entgegenwirken. Um eine starke motorische Wirkung auszulösen, muß also die Elektrizitätsmenge möglichst rasch zum Einsatz kommen, d. h. die Stromkurve steilen Anstieg besitzen.

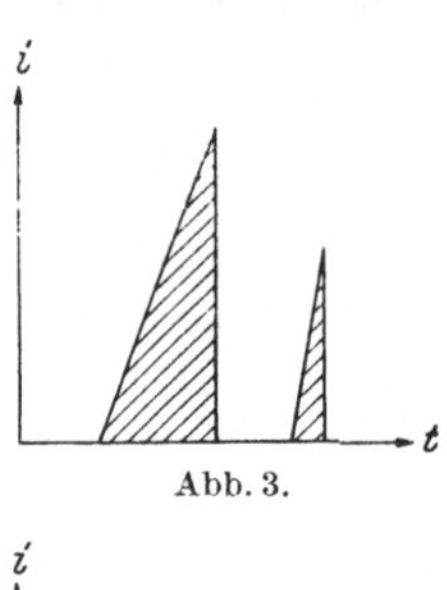

Abb. 3.

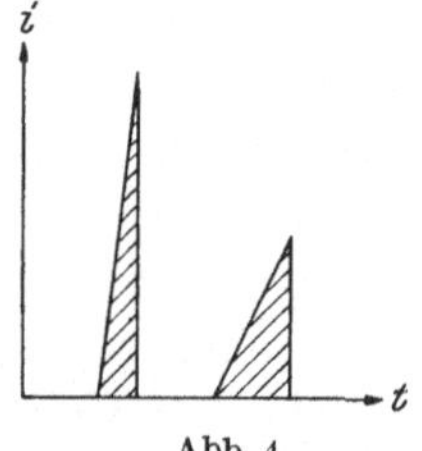

Abb. 4.

Aus der Flächengleichheit der beiden Stromdiagramme in Abb. 3 geht hervor, daß bei steilem Anstieg des Stromes eine Elektrizitätsmenge von bestimmter Größe in kürzerer Zeit wirksam wird als eine gleich große bei langsamer Zunahme des Stromes. Die beiden Stromstöße der Abb. 4 ergeben den gleichen Reizerfolg. Die hierzu erforderliche Elektrizitätsmenge und die Zeitdauer ihrer Einwirkung ist um so kleiner, je steiler die Stromkurve ansteigt.

Wie aus den Untersuchungen von Fick, Engelmann, K. Lucas und Lapicque hervorgeht, gilt das Gesetz von Dubois-Reymond nicht in voller

Allgemeinheit. Es gibt eine optimale Steilheit, von der ab durch eine Zunahme der Steilheit der Reizeffekt nicht mehr erhöht werden kann. In diesem Bereich hat also die von DUBOIS-REYMOND gefolgerte Proportionalität zwischen Steilheit und Reizwirkung keine Gültigkeit.

Der optimalen Steilheit steht die minimale Steilheit gegenüber. Wird sie unterschritten, so verschwindet der Reizeffekt.

Da die Steilheit des Anstieges durch die Zeit gegeben ist, in welcher sich die Stromstärke um einen bestimmten Betrag ändert, ist implizite in der Steilheit auch der Einfluß der Stromdauer auf die Reizwirkung enthalten. Diesen werden wir im nächsten Abschnitt eingehend untersuchen. Es wird sich zeigen, daß die zur Reizung erforderliche Mindestdauer für die verschiedenen Muskeln eine verschiedene ist. Das gleiche gilt auch für die optimale Steilheit. So sind z. B. die quergestreiften Muskeln für eine Herabsetzung der Steilheit empfindlicher als die glatten. Bei jenen nimmt die Reizwirkung bereits ab, wenn der Strom nicht augenblicklich, sondern in einigen tausendstel Sekunden seinen Höchstwert erreicht, während die glatten Muskeln erst bei einer Anstiegsdauer von mehreren hundertstel Sekunden schwächer zu reagieren beginnen.

Außer der Anstiegsdauer hat auch die Form des Anstieges Einfluß auf die Reizstärke. Nach LAPICQUE ist die Reizwirkung bei exponentiellem Anstieg geringer als bei linearem.

Die Dauer des Stromstoßes. Wir wollen nun den Einfluß der Stromdauer oder Flußzeit auf den Reizerfolg für sich betrachten. Zu diesem Zweck setzen wir voraus, daß die Stromstärke augenblicklich von Null auf den Endwert ansteige — ein Fall, wie er praktisch durch das plötzliche Einschalten eines konstanten Gleichstromes gegeben ist. Durch diese Annahme wird der Einfluß der Stromänderung während der Zeit des Stromanstieges eliminiert, die Stromstärke bleibt von Anfang an auf konstanter Höhe. Nach einer bestimmten Flußzeit soll sie durch die plötzliche Öffnung des Kreises momentan auf Null absinken. Der auf diese Weise gewonnene Stromstoß hat rechteckige Kurvenform und besitzt bei einer gegebenen Stromstärke als einzige Variable die Flußzeit.

Die von der Stromkurve eingeschlossene Fläche, in unserem Fall ein Rechteck, stellt die durch den Stromstoß verschobene Elektrizitätsmenge dar. Wie wir wissen, ist die elektrische Reizung an die Verschiebung von Elektrizität gebunden. Für die Erreichung der Reizschwelle ist ein Mindestmaß davon erforderlich, dessen absolute Größe von der Stromstärke abhängt. Der Transport dieser Elektrizitätsmenge dauert eine Mindestzeit t_{min}, welche als die Zeitschwelle der motorischen Wirksamkeit bezeichnet wird. Ist die Flußzeit kleiner als diese, so kommt keine Muskelzuckung zustande, ist sie größer, so steigt der Reizeffekt.

Die Zeitschwelle ist für verschiedene Stromstärken verschieden groß. Bei einer kleinen Intensität bedarf es eines größeren Zeitbetrages, um die zugehörige Elektrizitätsmenge zuzuführen als bei einer höheren

Stromstärke (Abb. 5). Daraus folgt aber, daß man die Reizschwelle ebenso durch einen Stromstoß von großer Stärke und geringer Dauer als auch durch einen solchen von geringer Stärke und großer Dauer erreichen kann. Was für die Reizschwelle gilt, gilt sinngemäß auch für die überschwelligen Reizstärken.

Wird die Stromstärke verringert, so gelangen wir schließlich auf einen Wert, der nicht unterschritten werden darf, wenn noch ein Reizeffekt ausgelöst werden soll. Dieser von Lapicque als Rheobase bezeichnete Grundwert ist jene Stärke, die ein Stromstoß von beliebig langer Dauer mindestens besitzen muß, um eine Minimalerregung zu bewirken. Es gibt also neben der Zeitschwelle auch einen Schwellwert für die Stromstärke.

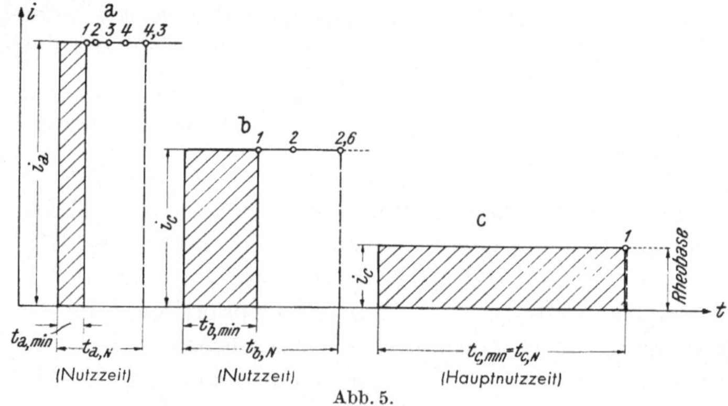

Abb. 5.

Beim Überschreiten der Reizschwelle nimmt die Reizwirkung zu, die Muskelkontraktion wird stärker. Wir wollen uns dies dadurch anschaulich machen, daß wir der Reizschwelle die Zahl 1 zuordnen und die höheren Erregungsstufen mit den Zahlen 2, 3, 4, . . . bezeichnen. Während ein Stromstoß von der Dauer der Zeitschwelle $t_{min} = t_1$ eine Minimalzuckung auslöst, bewirkt ein solcher von der Flußzeit t_2 schon eine kräftigere Kontraktion, die bei einer Dauer t_3 noch stärker wird usf. Die Zunahme der Flußzeit wirkt also ebenso steigernd auf den Reizerfolg wie etwa die Erhöhung der Stromstärke oder der Steilheit.

Die Reizwirkung steigt nicht unbegrenzt mit der Zunahme der Flußzeit. Nach einer bestimmten Stromdauer, die von der Intensität des Impulses abhängt, ist die Aufladung der Zellen abgeschlossen; was nach ihr durch das gereizte Organ fließt ist für die Reizwirkung belanglos. Wir nennen nach Gildemeister diese Zeit, von der an die Stromstärke voll ausgenutzt wird, die „Nutzzeit". Diese muß ein Stromstoß mindestens dauern, wenn er seine volle Reizwirkung entfalten soll.

Die Reizwirkung eines Stromstoßes von der Dauer der Nutzzeit hängt nur mehr von seiner Intensität ab. Nimmt diese ab, so verringert sich der Reizerfolg, die Muskelzuckung wird schwächer. Wird die Stromstärke bis auf den Wert der Rheobase vermindert, so befinden wir uns an der Reizschwelle, was durch die Minimalzuckung zum Ausdruck kommt. Ein Herabgehen mit der Stromdauer unter die Nutzzeit würde hier die Muskelzuckung zum Verschwinden bringen. Das bedeutet aber, daß für die Rheobase die Nutzzeit identisch ist mit der Zeitschwelle. Sie wird hier, zur Unterscheidung, auch Hauptnutzzeit genannt.

In Abb. 5 sind drei Reizimpulse mit den Stromstärken i_a, i_b, i_c dargestellt. Eine Minimalzuckung wird ausgelöst bei den Zeitschwell-werten $t_{a,\,min}$, $t_{b,\,min}$, $t_{c,\,min}$. Um die Zunahme der Reizwirkung mit der Flußzeit zu veranschaulichen, sind durch die Zahlen 1, 2, 3, 4, ... willkürlich einige aufeinanderfolgende Erregungsstufen herausgegriffen. Die Erregungsstufe 1 ist identisch mit der Reizschwelle. Bei Verlängerung der Stromdauer durchschreiten wir die Punkte zunehmender Reizstärke 2, 3, 4, ..., bis schließlich für die Nutzzeiten $t_{a,\,N}$, $t_{b,\,N}$, $t_{c,\,N}$ die Reizeffekte ihr den Stromstärken entsprechendes Maximum erreicht haben. Für die Stromstärke i_a beträgt dieses 4, 3,

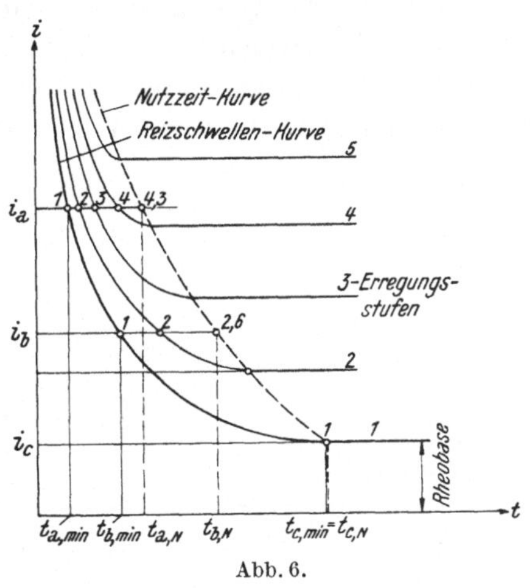

Abb. 6.

für i_b 2, 6, für die Rheobase i_c, für welche die Nutzzeit und die Zeitschwelle zusammenfallen, ist die maximale Erregungsstufe definitionsgemäß gleich 1, d. h. gleich der Reizschwelle.

Wir können die Abhängigkeit der Zeitschwellwerte sowie die der Nutzzeit von der Stromstärke kurvenmäßig darstellen. Für die Zeitschwellen besitzt sie hyperbelähnlichen Verlauf, wie sich aus der Nernstschen Theorie errechnet und experimentell bestätigt wurde. Sie ist nichts anderes als die Kurve der Reizschwelle, d. h. sie verbindet die Punkte der Reizstärke 1, welcher die Minimalzuckung entspricht (Abb. 6). Die Kurven konstanter Reizstärke für die höheren Erregungsstufen wurden durch Messungen noch nicht bestimmt, wir können uns aber ein Bild von ihrem Verlauf machen, wenn wir die Abhängigkeit der Nutzzeit von der Stromstärke untersuchen.

Die Nutzzeit ist nach der oben gegebenen Definition jene Zeit, in welcher sich das Gewebe an den Reiz akkomodiert. Die Akkomodation oder Reizgewöhnung ist das Ergebnis der polarisatorischen Gegenkräfte. Wie A. STROHL nachgewiesen hat, entwickelt sich die Polarisation um so rascher, je höher die Intensität des Stromstoßes ist.

Der Gleichgewichtszustand zwischen der Ladespannung und der Polarisationsspannung wird daher bei einer hohen Stromstärke rascher erreicht als bei einer geringen. Daraus folgt, daß die Nutzzeit mit steigender Stromstärke abnimmt. Ihr Maximum erreicht sie für den schwächsten, motorisch eben noch wirksamen Strom, die Rheobase, in der Hauptnutzzeit. Aus diesen Überlegungen folgt der Verlaufscharakter der Nutzzeitkurve (Abb. 6).

Zwischen der Reizschwellen- und der Nutzzeitkurve müssen die Kurven konstanter Reizstärke für die höheren Erregungsstufen liegen. Ihr Verlauf muß dem der Reizschwellenkurve ähnlich sein. Rechts von der Nutzzeitkurve werden sie sich in zur Zeitachse parallelen Geraden fortsetzen. Das bedeutet, daß es in diesem Gebiet nicht mehr möglich ist, durch eine Verlängerung der Nutzzeit von einem Reizniveau auf ein höheres zu gelangen. Dies ist hier nur durch ein Fortschreiten in der Richtung der Stromachse, also durch eine Erhöhung der Stromstärke möglich. Dagegen kann links von der Nutzzeitkurve, also für Flußzeiten, die kleiner sind als die Nutzzeit, die Reizwirkung sowohl durch eine Zunahme der Stromstärke als auch durch eine Erhöhung der Stromdauer gesteigert werden.

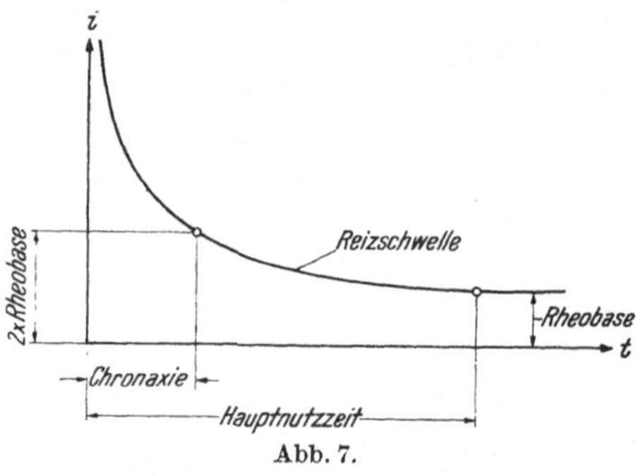

Abb. 7.

Aus diesen Kurvenscharen können wir eine wichtige Folgerung ziehen. Wir erkennen nämlich, daß es weitgehend von der Stromstärke abhängt, ob die Reizwirkung eines Stromstoßes durch die Zunahme seiner Flußzeit gesteigert wird oder nicht. Ein Impuls von der Stärke i_S (Abb. 9, S. 18) und der Flußzeit t_1 wird nicht wirksamer, wenn seine Dauer verlängert wird, dagegen erhöht sich die Reizwirkung bei kleineren Stromstärken, wie i_M und $i_{M'}$ mit Zunahme der Flußzeit. Wir werden auf die praktische Bedeutung dieses Umstandes noch zurückkommen.

Die Zeitschwellen und die Nutzzeiten sind physiologische Konstanten. Darin liegt ihre diagnostische Bedeutung. Wenn wir einen Muskel mit einem Stromstoß von langer Dauer reizen und die Stromstärke stetig verringern, bis die Zuckung minimal wird, so erhalten wir die Rheobase. Wird nun die Flußzeit stetig bis auf jenen Wert verkürzt, bei dessen Unterschreitung der Muskel aufhört zu reagieren, so finden wir die Hauptnutzzeit, auch Nutzzeit schlechtweg genannt. Sie beträgt nach Gildemeister und Achelis für den gesunden Menschen z. B. am M. biceps brachii 1 — 2 σ (1 σ = $^1/_{1000}$ Sekunde), am M. tibialis ant. 5 — 8 σ.

Größere Bedeutung in der Elektrodiagnostik besitzt die Zeitschwelle des Stromstoßes von der doppelten Stärke der Rheobase (Abb. 7). Sie wurde von Lapicque als Chronaxie bezeichnet. Bourguignon hat sie an einer großen Zahl von Gesunden und Kranken gemessen und auf Grund seiner Untersuchungen bestimmte Normalwerte aufgestellt. Er konnte zeigen, daß die Chronaxie oder Kennzeit für Muskeln, die funktionell zusammenarbeiten, innerhalb gewisser Grenzen sowohl intra- wie interindividuell übereinstimmt, die einzelnen Muskelgruppen jedoch verschiedene Chronaxiewerte besitzen. Die Chronaxie der sensiblen Hautnerven ist etwa ebenso groß wie die der darunterliegenden Muskeln. Bei Erkrankungen des motorischen Systems ändert sich die Chronaxie in charakteristischer Weise, und zwar im Sinne einer Zunahme, wenn die Erregbarkeit für elektrische Reize vermindert ist. Je geringer die Erregbarkeit ist, um so größer muß daher bei sonst gleichen Umständen die Dauer eines Stromstoßes sein, um noch eine Kontraktion auszulösen.

Die Bedeutung der Stromflußzeit wird implizite auch in der klassischen Methode der Elektrodiagnostik ausgewertet. Bei dieser kommen bekanntlich zwei Stromarten nacheinander zur Anwendung. Zuerst die Öffnungszacken des faradischen Stromes, also Stromstöße mit außerordentlich geringer Flußzeit, und dann galvanische Stromstöße von rechteckiger Kurvenform und großer Dauer. Bei pathologischen Veränderungen der motorischen Fasern sinkt zuerst die faradische Erregbarkeit ab und erlischt schließlich ganz, wogegen die Reizfähigkeit des galvanischen Impulses weitaus länger erhalten bleibt. Einer der Gründe hierfür liegt in der kürzeren Flußzeit der faradischen Impulse.

Der Stromabfall. Auch das Aussetzen des Stromes kann einen Reizeffekt auslösen. Wir wissen, daß der Strom in den Reizzellen polarisatorische Gegenkräfte hervorruft, die nach einer gewissen Flußzeit der Ladespannung das Gleichgewicht halten. Setzt der Ladestrom aus, so wird die Polarisationsspannung wirksam und erzeugt von sich aus einen Stromstoß. Dieser hat als Entladestrom entgegengesetzte Richtung zu dem vorhergegangenen Aufladestrom und ist verantwortlich für die sog. Öffnungserregung.

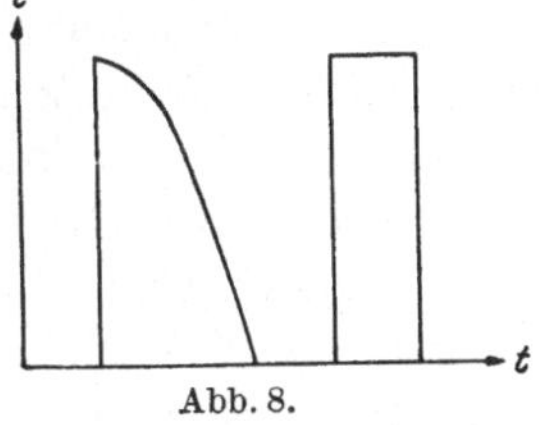
Abb. 8.

Das Auftreten einer Öffnungserregung setzt voraus, daß die Polarisationsspannung sich bereits bis zu einem gewissen Maße ausbilden konnte. Sie fehlt daher bei sehr kurz dauernden Impulsen, wie sie etwa die faradischen Stromstöße darstellen.

Eine Öffnungserregung tritt aber auch bei einem Stromstoß von längerer Dauer nur dann in Erscheinung, wenn der Abfall der Stromkurve plötzlich erfolgt. Der Polarisationsstrom steigt nämlich ebenso rasch an, wie der Reizstrom verschwindet. Einem langsamen Abfall entspricht eine geringe Anstiegssteilheit des Polarisationsstromes, die wegen der früher besprochenen Gründe (Gesetz von DUBOIS-REYMOND) keine Erregung auslöst.

Abb. 8 zeigt zwei Stromstöße von großer und annähernd äquivalenter Flußzeit. Der Rechteckimpuls löst einen Öffnungsreiz aus, wogegen der Stromstoß mit dem langsamen, stetigen Abfall in dieser Hinsicht ohne Wirkung bleibt.

Die Öffnungserregung wächst auch mit der Stromstärke. Dies hat zwei Gründe: Einerseits ist der Polarisationsstrom um so stärker, je höher die Intensität des abgeschalteten Stromstoßes war, und andererseits entwickelt sich die Polarisation als solche bei größeren Stromstärken rascher als bei geringeren.

4. Die Reizfolge.

Die Einzelzuckung. Ein einmaliger Stromstoß bringt bei entsprechender Dosierung und Kurvenform den Muskel zu einer einmaligen Zusammenziehung, einer sog. Einzelzuckung. Der zeitliche Ablauf dieser läßt drei Stadien erkennen. Erstens das Stadium der Latenz, welches vom Einsetzen des Reizes bis zum Beginn der Kontraktion verstreicht. Es hat eine Dauer von 0,003 bis 0,004 Sekunden. An dieses schließt sich das bis zum Kontraktionsmaximum dauernde zweite Stadium von etwa 0,05 Sekunden Dauer. Das dritte Stadium umfaßt die Erschlaffung des Muskels bis zum vollständigen Verschwinden der Kontraktion und dauert 0,1 Sekunden.

Die Dauerkontraktion. Die willensbedingte Muskelbetätigung, und zwar sowohl die tetaniforme Dauerkontraktion als auch die Muskelbewegung von nur kurzer Dauer, baut sich aus rasch hintereinander ablaufenden, periodischen Vorgängen auf. Dies hängt damit zusammen, daß die endogenen Erregungsreize der Willkürinnervation von den motorischen Ganglienzellen in frequentem Rhythmus ausgesandt werden. Ihre Frequenz beträgt nach PIPER regelmäßig 40 bis 60, meist 50 in der Sekunde. Die physiologische Muskelbewegung beruht demnach trotz ihres homogen scheinenden Verlaufes auf inhomogenen Erregungsvorgängen. Die Ursache für diese Inhomogenität der Erregung liegt darin, daß die Nervenendorgane ermüden und dadurch nach jeder Erregung für einige Tausendstel Sekunden einer neuerlichen Erregung unzugänglich sind. In dieser Refraktärzeit spielen sich chemische Erholungsprozesse ab, welche die Nerven wieder in den Zustand der Erregbarkeit versetzen.

Da es das Ziel der elektrischen Übungstherapie ist, den Muskel zu einer Tätigkeit zu veranlassen, die der willensbedingten möglichst ähnlich ist, werden wir stets der niederfrequenten Reizfolge den Vorzug geben. Ihre Frequenz wird in Übereinstimmung mit der biogenen Innervationsfrequenz am besten zu etwa 50 in der Sekunde gewählt. Diese zunächst aus theoretischen Erwägungen entspringende Anpassung des elektrisch-exogenen an den physiologisch-endogenen Erregungsrhythmus hat sich auch therapeutisch als optimal erwiesen.

Langsam aufeinanderfolgende Stromstöße bis zu etwa 8 in der Sekunde führen zu Einzelzuckungen. Wird die Stoßfolge erhöht, so daß durch jeden folgenden Reiz der Muskel schon im Stadium der Erschlaffung aufs neue erregt wird, so beginnen die Einzelzuckungen ineinander überzugehen; es kommt zu einem klonischen Flattern oder unvollkommenen Tetanus. Steigt die Reizfolge auf etwa 20 in der Sekunde, so wird der Muskel bereits im Stadium zunehmender Kontraktion aufs neue erregt. Er hat keine Zeit, zwischen den aufeinanderfolgenden Reizen zu erschlaffen und bleibt daher dauernd gespannt. Diese Kontraktionsform, der vollkommene Tetanus, gleicht der willensbedingten Muskelbewegung.

Durch aufeinanderfolgende Reize kommt es zu einer Summation der Muskelzuckungen. Die Kraft, mit der sich hierbei der Muskel zusammenzieht, ist größer als die, welche durch einen maximalen Einzelreiz erzielt werden kann. Jeder Einzelreiz löst nämlich eine Kontraktionswelle aus, die über die Muskelfasern hinwandert und deren Anspannung bzw. deren Verkürzung verursacht. Je höher die Reizfrequenz ist, um so mehr solcher Wellen laufen gleichzeitig hintereinander über den Muskel, um so stärker ist die Kontraktion.

Zur Erzeugung einer kräftigen Dauerkontraktion von der glatten Form des vollkommenen Tetanus eignet sich, wie schon betont, eine Reizfrequenz von 50/Sekunde am besten. Eine wesentliche Erhöhung der Frequenz über diesen Wert hinaus würde zur Folge haben, daß einzelne Reize bereits in die Refraktärperiode fielen, in der bekanntlich die Nerven unerregbar sind. Sie wäre daher von keiner Erhöhung der Reizwirkung begleitet. Bei der Verwendung von Maximalreizen ergibt schon die Steigerung der Reizzahl über 100/Sekunde ein sichtliches Absinken des Tetanus, welches bei einer weiteren Frequenzerhöhung in eine vollständige Erschlaffung übergeht.

Die Frequenz wird ferner dadurch nach oben hin begrenzt, daß jeder einzelne Stromstoß selbst eine gewisse Mindestdauer besitzen muß, um noch erregend zu wirken. Eine wesentliche Überschreitung der Optimalfrequenz ist daher um so weniger zulässig, je stärker die Entartung des Reizobjektes ist, da mit dem Schädigungsgrad nicht nur die Refraktärzeit zunimmt, sondern auch die notwendige Dauer der einzelnen Reizimpulse.

Eine Herabsetzung der Reizfrequenz unter den Optimalwert von 50/Sekunde verringert die Kontraktionsstärke und nimmt schließlich der Muskelbewegung ihren ausgeglichenen, tetaniformen Charakter. Wenn durch krankhafte Veränderungen die Refraktärzeit des Muskels bereits so groß ist, daß mit einer Reizfolge von 50/Sekunde keine Kontraktion mehr erzielt werden kann, dann ist auch mit einer kleineren Frequenz — etwa 20 bis 30/Sekunde — eine therapeutisch wirksame tetanische Reizung kaum möglich. Erfahrungsgemäß scheint daher eine Veränderbarkeit der Frequenz des Dauerkontraktionsstromes eher eine Komplikation als ein Vorteil der therapeutischen Apparatur zu sein.

Bei schwerster Entartung, bei welcher der Muskel auf den galvanischen Stromstoß mit einer trägen, wurmförmigen Zuckung reagiert, können nur noch Einzelzuckungen ausgelöst werden. Dies geschieht am besten mit Stromstößen von einer etwa 100 σ betragenden Flußzeit und einer nach Sekunden zählenden Pausendauer, wie wir sie in Form des unterbrochenen galvanischen Stromes besitzen.

II. Der konstante Gleichstrom in der Lähmungsbehandlung.

Allgemeines. Wenn der konstante Gleichstrom den Muskel auch nicht zur Kontraktion erregt, so ist seine Wirkung auf die motorischen Nerven doch nicht grundsätzlich von der des Stromstoßes verschieden. Er wirkt gleichfalls erregend auf den Muskelnerv, wenn auch die Reizschwelle der Kontraktionserregung nicht erreicht wird. Die konstante Galvanisation ist daher keine Übungstherapie im Sinne der Elektrogymnastik. Wenn wir sie dennoch hier erwähnen, so deshalb, weil die Galvanisation im Rahmen der elektrischen Lähmungstherapie eine bevorzugte Stellung besitzt. Dank ihres erregbarkeitssteigernden Einflusses auf die motorischen Nerven, ihrer tonussteigernden Wirkung sowie ihrer trophischen und vasomotorischen Funktionen bildet sie häufig eine Vorstufe der elektrischen Gymnastik. Die Heilkraft des galvanischen Stromes werden wir uns besonders dann zunutze machen, wenn der Muskel so schonungsbedürftig ist, daß eine Übungstherapie überhaupt nicht oder nur in begrenztem Umfang angezeigt wäre.

Die erregbarkeitssteigernde Wirkung können wir aus der Erfahrung ableiten, daß bei der Reizung der Muskelnerven durch konstanten Gleichstrom und der gleichzeitigen Zuführung von Reizen anderer Art die Muskelkontraktionen im ganzen betrachtet stärker werden. Ein an sich unterschwelliger Reiz kann bei gleichzeitiger Galvanisation zu einer Muskelbewegung führen. Der konstante Gleichstrom setzt demnach offenbar die Reizschwelle der motorischen Nerven herab. Dies gilt sowohl für elektrische Reize als auch für Willensimpulse. In bezug auf letztere können wir bisweilen die Beobachtung machen, daß es dem Kranken bei galvanischer Durchströmung des gelähmten Muskels gelingt, diesen etwas zu bewegen.

Die Erregbarkeitssteigerung hält anfangs nur so lange an, als der Strom fließt. Da die Nervenzellen die Fähigkeit zur Reizbewahrung besitzen, die in inneren Veränderungen der molekularen Zellstruktur begründet ist, wird bei regelmäßiger Behandlung eine anhaltende Steigerung der Erregbarkeit eintreten. Und da diese Strukturänderung durch elektrochemische Stromwirkungen zustande kommt, wird sie um so größer sein, je größer die wirksame Strommenge ist. Infolgedessen ist der konstante Gleichstrom, durch den wegen seiner relativ geringen Hautreizung die größte Elektrizitätsmenge zugeführt werden kann, das geeignetste Mittel zur Steigerung der Erregbarkeit. Er ist hierfür jeder anderen Stromart überlegen.

Die tonussteigernde Wirkung. Unter Tonus verstehen wir die Grund- oder Eigenspannung des Muskels, die dauernd vorhanden ist, gleichgültig ob der Muskel arbeitet oder ruht. Die tonische Innervation wird durch autonome Nervenfasern besorgt. Zum Unterschied von der Willkürinnervation ist sie kein periodischer Vorgang, sondern von konstanter Größe. Dies schließen wir daraus, daß das biogene Elektropotential der tonischen Innervation konstante Größe besitzt.

Der konstante Gleichstrom wirkt auf den Muskeltonus erfahrungsgemäß steigernd. Dies ist überall dort von Wert, wo die Lähmungserscheinungen mit hypotonischen Zuständen einhergehen, also bei allen schlaffen Lähmungen.

Die vasomotorische und trophische Wirkung. Der konstante Strom wirkt ferner in besonderem Maße erregend auf die Gefäßnerven. Wir erkennen aus der Hautrötung, die bei entsprechend großer Stromdosis auftritt, daß durch die Galvanisation sich die Blutgefäße erweitern und dadurch eine aktive Hyperämie entsteht. Durch diese Förderung der Zirkulation wird die Ernährung des Muskels begünstigt und damit die Wiederherstellung seiner motorischen Funktionen beschleunigt. Insbesondere dort, wo die Lähmung mit einer Gefäßlähmung verbunden ist, kommt diesem Stromeffekt eine große Bedeutung zu.

Das Anwendungsgebiet. Der konstante galvanische Strom wird in der Lähmungstherapie überall dort verwendet, wo die Erregbarkeit der motorischen Nerven erhöht und der Tonus der Muskulatur gesteigert werden soll. Sein wichtigstes Anwendungsgebiet ist daher die schlaffe Lähmung. Wenn die Schädigung der Nerven so schwer ist, daß es durch elektrische Reizung nicht mehr gelingt, sie zu einer Dauerkontraktion des Muskels zu erregen, ist der unterschwellige Reiz des konstanten Gleichstromes häufig das einzige Mittel der Elektrotherapie, welches seiner Wiederherstellung förderlich ist.

III. Der Reizstrom in der Lähmungsbehandlung.

A. Die sensible Reizwirkung.

Für die therapeutische Verwertung der kontraktionserregenden Eigenschaften des elektrischen Stromes ist nicht allein seine motorische Reizkraft von Bedeutung. Eine nicht minder wichtige, wenn auch unerwünschte Rolle für die Stromanwendung spielt auch die Reizung der sensiblen Hautnerven. Der Strom muß auf seinem Weg zu den motorischen Fasern die Körperoberfläche durchsetzen und trifft dabei die sensiblen Nerven. Ihre Erregung löst ein mehr oder minder starkes „Stromgefühl" aus, welches als Prickeln, Stechen oder Brennen empfunden wird. Bei weiterer Verstärkung des Stromes steigt die sensible Erregung bis zur Schmerzgrenze und bestimmt damit die Grenze der Stromdosierung.

Die begrenzende Wirkung der sensiblen Reizung tritt um so hemmender in Erscheinung, je geringer die Erregbarkeit der Muskelnerven ist. Dies führt schließlich so weit, daß es gänzlich unmöglich wird, den Muskel zur Kontraktion zu bringen. Als Beispiel sei auf das Erlöschen der Erregbarkeit für den faradischen Strom hingewiesen. Letzteres besagt nicht, daß der faradische Strom an sich keine Kontraktionserregung auszulösen imstande ist, sondern nur, daß er in der noch erträglichen Dosierung dazu nicht ausreicht. Dies beweisen die von PERTHES und später auch von ERLACHER angestellten Versuche, bei welchen der faradische Strom nicht perkutan zugeführt wurde, sondern direkt an die bloßgelegten motorischen Fasern herangebracht bzw. über zwei dünne Nadeln durch die Haut hindurch zugeleitet wurde. Infolge dieser Umgehung der sensiblen Hautnerven konnte der faradische Strom in solcher Stärke zugeführt werden, daß normalerweise faradisch nicht mehr erregbare Muskeln zur Kontraktion kamen.

In der elektrischen Lähmungsbehandlung besteht daher nicht nur die Forderung, Ströme von großer motorischer Reizkraft zu verwenden, sondern auch die sensible Reizwirkung auf ein Minimum zu bringen. Dies ist um so wichtiger, je stärker die motorische Erregbarkeit beeinträchtigt ist. Im ganzen geht es darum, bei der kleinsten sensiblen Reizung die kräftigsten Kontraktionen auszulösen oder, anders ausgedrückt, das Verhältnis der motorischen zur sensiblen Reizwirkung auf ein Maximum zu bringen.

B. Das Verhältnis der motorischen zur sensiblen Reizwirkung.

1. Die Regelmäßigkeit der Reizfolge.

Wir bezeichnen eine Reizfolge als regelmäßig, wenn die einzelnen Reizimpulse erstens ihrer Stärke und Kurvenform nach völlig gleich sind und zweitens in gleichen Abständen aufeinanderfolgen, also konstante Frequenz besitzen. BERGONIÉ, KOWARSCHIK u. a. haben wiederholt darauf hingewiesen, wie wichtig diese Regelmäßigkeit ist, wenn die unerwünschte sensible Reizwirkung in erträglichen Grenzen bleiben soll. „Une contraction musculaire est désagréable ou même insupportable

lorsque ces ondes sont inegales comme forme et comme frequence" (BER-
GONIÉ). „Die sensiblen Nerven des Menschen sind ein außerordentlich empfindliches Reagenz für jede Unregelmäßigkeit des Stromverlaufes. Eine absolute Regelmäßigkeit der
Stromimpulse in bezug auf Größe und Frequenz ist also
eine grundsätzliche Bedingung für jeden guten Schwellstrom" (Kowarschik).

Unregelmäßigkeiten der Reizfolge sind durch die Art der Stromerzeugung bedingt. Bei dem faradischen Strom trägt der mechanische
Unterbrecher die Hauptschuld an den meist sehr beträchtlichen sensiblen Wirkungen. Es ist sehr schwierig, den WAGNERschen Hammer
so zu bauen, daß er mit einer für unsere Zwecke ausreichenden Regelmäßigkeit arbeitet. „So gut wie kein Hammerunterbrecher
arbeitet vollkommen störungsfrei" (KOWARSCHIK). Meist ändert
sich die Geschwindigkeit, mit der sich die Kontakte voneinander lösen
und mit dieser die Höhe der aufeinanderfolgenden Induktionsstöße.
Auch die Frequenz der Unterbrechungen ist im allgemeinen nichts
weniger als konstant. Die Inkonstanz kann so erheblich sein, daß die
motorische Reizwirkung nicht nur durch die geringe Erträglichkeit des
Stromes beschränkt bleibt, sondern auch die Kontraktionen selbst un-
regelmäßig werden. An Stelle von tetaniformen, im Schwellungsthyth-
mus zu- und abnehmenden Kontraktionen kommt es schließlich nur noch
zu einem unregelmäßigen klonischen Schütteln des Muskels, wie die von
LENOCH aufgenommenen Myogramme anschaulich beweisen[1].

Außer dem faradischen Strom besitzt auch der später zu besprechende
Leducstrom eine starke sensible Komponente. Auch er wird durch mechanische Schließung und Unterbrechung eines Stromkreises erzeugt. Die
Drehzahlschwankungen des kleinen, den Unterbrechungsmechanismus an-
treibenden Motors treten als Frequenzänderungen störend in Erscheinung.

Eine vollkommene Regelmäßigkeit der Reizfolge wird erzielt, wenn
an Stelle der mechanischen Schaltmittel und Schwingungselemente solche
elektrischer Art verwendet werden. Statt des Hammerunterbrechers
wird besser eine Elektronenröhre benutzt, die abwechselnd leitend und
stromundurchlässig ist. Die Frequenz, mit der sich die Leitfähigkeit
ändert, kann entweder durch einen elektrischen Schwingungskreis oder
durch die konstante Netzfrequenz gesteuert werden. Wir werden auf
diese Art der Stromerzeugung später noch ausführlich zurückkommen.

2. Die Kurvenform der Stromstöße.

Wir müssen die im ersten Kapitel angestellten Untersuchungen über
den Einfluß der Kurvenform, insbesondere der Stromdauer, auf die Reiz-

---

[1] LENOCH, FR.: Z. Ges. Baln., Nr. 1. Prag 1934.

wirkung nun auf den praktischen Fall ausdehnen, daß der zugeführte Strom nicht nur die motorischen, sondern auch die sensiblen Nerven in Erregung versetzt. Es werden sich daraus bedeutsame Konsequenzen für die optimale Form der in der Elektrogymnastik zu verwendenden Stromimpulse ergeben.

Mit der Steilheit des Stromanstieges wächst der Reizerfolg. Dies gilt für die Erregung der motorischen und der sensiblen Nerven. Wegen der großen Bedeutung der Schwankungssteilheit für die Kontraktionserregung werden wir an der Forderung nach steilem Stromanstieg festhalten.

Die Flußzeit eines Stromstoßes muß einen Mindestbetrag, die Zeitschwelle, aufweisen, wenn überhaupt ein Reizeffekt ausgelöst werden soll. Wird die Flußzeit über die Zeitschwelle hinaus verlängert, so steigt die Erregung zunächst an, d. h. die Muskelzuckung bzw. das Stromgefühl werden stärker. Von einem bestimmten Zeitbetrag, der Nutzzeit, an bleibt die Erregung konstant, eine weitere Erhöhung der Stromdauer trägt zur Reizwirkung nichts mehr bei.

Wir haben ferner gesehen, daß Zeitschwelle und Nutzzeit von der Stromstärke abhängen, und zwar in dem Sinne, daß beide mit zunehmender Stromstärke abnehmen (Abb. 5 und 6). Ein Stromstoß von einer Flußzeit t_1 (Abb. 9) wird also bei dem gegebenen Verlauf der Reizschwellenkurve RS für die Stromstärke $i_{M'}$ noch unterschwellig sein, während für die höheren Stromwerte i_M und i_S die Reizschwelle bereits überschritten ist.

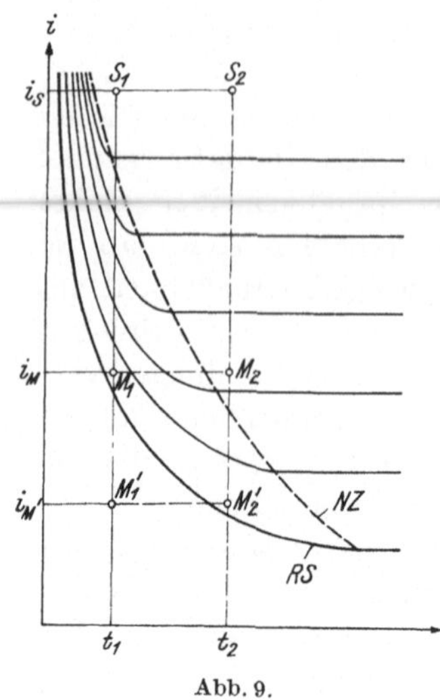

Abb. 9.

Er besitzt bei der Stromstärke i_S eine Reizwirkung, die durch eine Verlängerung der Flußzeit nicht mehr erhöht werden kann. Dies erkennen wir daran, daß der Punkt S_1 rechts von der Nutzzeitkurve NZ liegt. Dagegen ist bei den Intensitäten i_M und $i_{M'}$ die Nutzzeit noch nicht erreicht, die Reizwirkung daher einer Steigerung durch Erhöhung der Flußzeit zugänglich.

Diese Erkenntnis wollen wir nun auf die praktische Anwendung des Reizstromes übertragen. Unmittelbar unter den Elektroden ist die Stromdichte am größten, die sensiblen Hautnerven werden daher relativ am stärksten gereizt. Nach dem Eintritt in das Gewebe breitet sich der Strom auf immer größere Querschnitte aus. Infolge dieser Streuung verringert sich mit zunehmender Eindringtiefe die Stromdichte, also die Stromstärke je Flächeneinheit. Der Stromanteil an den motorischen Reizzellen ist deshalb kleiner als der an den sensiblen.

Er ist ferner für die in der Tiefe gelegenen motorischen Nerven- und Muskelfasern geringer als für die oberflächennahen. Aus Abb. 9 geht hervor, welche Folgen diese Stromverteilung für die motorische und sensible Reizwirkung besitzt. i_M und $i_{M'}$ seien zwei verschiedene Stromwerte an den motorischen Nerven, i_S stelle die Stromstärke an den sensiblen Nerven dar. Für die zutiefst gelegenen motorischen Fasern ist, wie M_1 zeigt, die Reizschwelle noch nicht erreicht, während für die sensiblen Nerven sogar die Nutzzeit schon überschritten ist (S_1). Wir haben hierbei die für unsere Betrachtungen zulässige Annahme gemacht, daß die Erregungskurven für die sensiblen und die motorischen Nerven zusammenfallen.

Eine Erhöhung der Stromdauer auf t_2 ändert die sensible Erregung nicht, wohl aber die motorische. Für die Stromstärke i_M durchläuft hierbei der Punkt M_1 mehrere Erregungsstufen und überschreitet die Nutzzeitkurve. Das bedeutet, daß die Kontraktionen des zugehörigen Muskels wesentlich kräftiger geworden sind. Für $i_{M'}$ rückt M'_1 über die Reizschwelle nach M'_2, der vorher von der Stromwirkung noch nicht erfaßte Muskel wird jetzt zur Kontraktion gebracht. Eine Vergrößerung der Flußzeit bedingt also bei gleichbleibender Hautbelastung eine stärkere Muskelkontraktion, größere Tiefenwirkung und eine Homogenisierung der Erregungsstärke in der Tiefe. Die Muskelfasern ziehen sich nicht nur stärker zusammen, sondern es treten auch bisher unerregt gebliebene in Funktion. An Stelle einer Beschränkung der Kontraktionen auf die oberflächlichen Muskelschichten ergreift die Stromwirkung den ganzen Querschnitt des Muskels und erfaßt auch die tieferen Muskelschichten.

Diese Überlegungen gelten gleicherweise für Nerven von normaler wie für solche von herabgesetzter Erregbarkeit.

Wenn die Schädigung im Bereich des peripheren motorischen Neurons liegt, wie bei der schlaffen Lähmung, so ist die Reizfähigkeit der betroffenen motorischen Nerven für kurzzeitige Stromstöße deutlich herabgesetzt. Diese Verminderung ihrer Erregbarkeit ist um so ausgeprägter, je kürzer die Dauer der Reizimpulse ist; sie tritt daher für den faradischen Strom besonders klar hervor.

Der Grund für das Absinken der Erregbarkeit liegt nämlich nicht nur in der verminderten Empfindlichkeit für die Stromstärke, sondern auch darin, daß die Fähigkeit der Reizzellen, polarisatorische Gegenkräfte zu entwickeln, abgenommen hat (REISS). Da die Polarisation die Wirkung des Stromes auf die erste Zeit seines Fließens zusammendrängt, hat ihre Abnahme zur Folge, daß den späteren Zeitelementen ein relativ größeres Gewicht zukommt als im Normalfalle. Dadurch gewinnen längerdauernde Stromstöße auch eine verhältnismäßige Überlegenheit über die kurzzeitigen Impulse des faradischen Stromes.

Unter Umständen kann die Verminderung oder Aufhebung der Polarisation mehr Einfluß auf den Reizerfolg haben als die Herabsetzung der Stromempfindlichkeit. Dies ist dann der Fall, wenn die faradische Erregbarkeit herabgesetzt oder aufgehoben, die galvanische dagegen gesteigert ist.

Bei einer Störung im peripheren motorischen Neuron kommt demnach zu der relativen Minderung der Polarisation infolge der geringeren Stromdichte in der Tiefe eine absolute Abnahme derselben. Die überlegene motorische Reizkraft von Stromimpulsen mit längerer Flußdauer im Vergleich zu solchen von geringer Flußzeit tritt daher bei den schlaffen Lähmungen noch deutlicher zutage als bei den zentralbedingten Lähmungsformen.

Zum Abschluß unserer Betrachtungen über die Flußzeit sei noch erwähnt, daß in der Nervenphysiologie die Auffassung vertreten wird, auch der physiologische motorische Nervenreiz sei — im Gegensatz zu dem Momentanreiz des faradischen Induktionsstoßes — ein zeitlich gedehnter Reiz (v. Kries).

Auf den Anstieg und die Dauerphase folgt der abfallende Teil des Stromstoßes. Wir wissen, daß auch der Abfall eine Reizwirkung, die Öffnungserregung, auslösen kann. Sie wird durch den Polarisationsstrom verursacht, wenn der zugeführte Strom einen steilen Abfall besitzt, also plötzlich unterbrochen wird.

Voraussetzung für eine Öffnungserregung ist, daß sich die Polarisationsspannung während der Schließung des Stromkreises stark genug entwickeln konnte. Dazu ist erstens eine lange Flußzeit und zweitens eine hohe Stromstärke notwendig. Bei schwachen und mittleren Strömen kommt es ja auch nach dem polaren Zuckungsgesetz an der meist benutzten Kathode zu keiner Öffnungserregung.

Wie wir wissen, sind die sensiblen Nerven verhältnismäßig stärkeren Strömen ausgesetzt als die motorischen. Die Öffnungserregung wird sich daher vorwiegend sensibel auswirken und dadurch das Stromgefühl verstärken. Auf diese Weise ginge der Vorteil einer langen Flußzeit zum Teil wieder verloren. Um dies zu vermeiden, darf der Stromstoß nicht plötzlich aussetzen, sondern muß er in einer stetigen Kurve langsam gegen Null abfallen.

Zusammenfassend ergeben sich demnach als Merkmale eines Stromstoßes von großer motorischer und geringer sensibler Reizwirkung: 1. Steiler Anstieg, 2. Große Flußzeit, 3. Flacher Abfall.

3. Die Zuführung des Stromes.

Die quantitative Verteilung des Stromes im Gewebe wird weitgehend durch die Zuführung des Stromes zu den Reizstellen bestimmt. Unser Ziel muß sein, von der Strommenge, welche die Haut durch-

setzt und dabei die sensiblen Nerven reizt, möglichst viel
für die Kontraktionserregung nutzbar zu machen. Wie weit
dies gelingt, hängt ab von der Größe der Elektroden, ihrer Auflagestelle,
ihrer Polarität und ihrer gegenseitigen Anordnung.

a) Die Größe und Lage der Behandlungselektroden.

Für die Reizung der motorischen Nerven gibt es bestimmte aus-
gezeichnete Punkte der Körperoberfläche, die sog. motorischen
Reizpunkte, von welchen aus Muskelzuckungen mit der relativ geringsten Stromstärke ausgelöst werden können. Wir unterscheiden
zwischen den indirekten motorischen Reizpunkten, an welchen sich
der Nerv am stärksten der Hautoberfläche annähert, und den direkten
motorischen Reizpunkten, unter denen die Eintrittstellen der Nerven
in die Muskeln liegen. Je genauer der Strom auf diese Stellen konzentriert wird, um so kleiner braucht seine Intensität zu sein, um zu einer
Kontraktion zu führen. Mit der Stromstärke vermindert sich aber auch
die sensible Reizwirkung.

Die motorischen „Punkte" haben flächenhafte Ausdehnung, die sowohl der Größe als auch der Form nach von Fall zu Fall verschieden
ist. Sie können sich scharf gegen ein Gebiet abgrenzen, von dem aus
der Nerv kaum mehr gereizt werden kann, können aber auch allmählich
in einen Bereich von geringerer Reizbarkeit übergehen. Dieser Umstand
ist für die Wahl der richtigen Elektrodengröße nicht ganz belanglos.
Wichtiger sind zwei allgemeine Beziehungen über die sensible Reizwirkung. Die eine besagt, daß bei einer gegebenen Elektrodengröße der Strom um so stärker empfunden wird, je höher
die Stromstärke und mit dieser die Stromdichte ist. Die zweite bringt
zum Ausdruck, daß bei gegebener Stromdichte die sensible Erregung mit der Elektrodengröße zunimmt. Daraus ergibt sich
für den Optimalwert der Elektrodengröße eine Eingrenzung nach oben
und nach unten hin.

Zur Veranschaulichung dieser Verhältnisse wollen wir zunächst an-
nehmen, daß die für eine Muskelzuckung notwendige Strommenge über
eine sehr kleine, etwa nadelförmige Elektrode zugeführt werden soll.
Dieser Versuch würde an dem Schmerzgefühl scheitern, welches infolge
der hohen Stromdichte an der winzigen Elektrode entstünde. Auch bei
einer Elektrodengröße von etwa $1\,\mathrm{cm}^2$ wird die sensible Reizwirkung
noch sehr groß sein. Erst bei einer 5 bis $10\,\mathrm{cm}^2$ großen Elektrode kann
die Stromdichte weit genug verringert werden, um gut erträglich zu sein.
Eine weitere Vergrößerung der Elektrode wird so lange günstig wirken,
wie die sensible Reizung wegen der Verringerung der Stromdichte mehr
abnimmt, als sie durch die Vergrößerung der Elektrodenfläche ansteigt.

Wenn die Elektrode so groß ist, daß sie bereits Stellen bedeckt, von welchen aus eine motorische Einwirkung normalerweise überhaupt nicht möglich ist, steigt die sensible Reizwirkung an. Dies hat seinen Grund darin, daß bei Vergrößerung der Elektrode in dieses nicht reizbare Gebiet hinein die Stromdichte praktisch kaum vermindert werden darf, wenn der Kontraktionsreiz der gleiche bleiben soll, eine Zunahme der Elektrodenfläche bei gleicher Stromdichte aber das Stromgefühl verstärkt. Es empfiehlt sich daher im allgemeinen nicht, Elektroden zu verwenden, welche die ganze Oberfläche des zu reizenden Muskels bedecken.

Diese Überlegungen können natürlich nicht zu einer zahlenmäßigen Angabe der Elektrodengröße führen; sie sollen nur zeigen, daß und weshalb sie von Einfluß auf das Verhältnis von motorischer zu sensibler Reizwirkung ist.

Erfahrungsgemäß sind für die selektive Reizung der einzelnen Nerven und Muskeln Elektrodenflächen von 5 bis 10 cm² am geeignetsten. Um ganze Muskelgruppen zu erfassen sowie zu der Reizung einzelner Muskeln über ihre direkten motorischen Punkte verwenden wir meist Elektroden von 50 bis 150 cm².

Die vorstehenden Angaben sind entsprechend abzuändern, wenn durch degenerative Entartung der motorischen Nerven an Stelle der Nervenreizung mehr und mehr eine direkte Reizung der Muskelfasern tritt. Die erregbarsten Stellen wandern hier gegen das distale Muskelende, verlieren ihre scharfe Umgrenzung und verteilen sich schließlich gleichmäßig über die ganze Oberfläche des Muskels. In diesem Falle wird die stärkste motorische Wirkung durch eine Elektrode erzielt, welche den Muskel in seiner ganzen Ausdehnung bedeckt und dadurch alle Muskelbündel auf einmal erfaßt. Ein günstiges Verhältnis der motorischen zur sensiblen Reizwirkung besteht auch für eine longitudinale Durchströmung des Muskels. Bei dieser werden zwei verschiedenpolige Elektroden verwendet, deren eine proximal von dem normalen motorischen Punkt liegt, während die andere dort anzulegen ist, wo der Muskel in die Sehne übergeht, um alle in dem Sehnenansatz zusammenlaufenden Muskelbündel zur Kontraktion zu bringen.

b) Die Polarität und gegenseitige Anordnung der Behandlungselektroden.

Die verschiedene Wirkung der elektrischen Pole. Pflüger hat bei elektrischer Reizung eines isolierten Nerv-Muskel-Präparates festgestellt, daß der Reizeffekt von der Richtung abhängt, in der der Nerv vom Strom durchflossen wird. Als Flußrichtung des elektrischen Stromes gilt bekanntlich jene, die vom positiven Pol, der Anode, zum negativen, der Kathode führt. Sie wird in Beziehung gesetzt zu der Richtung, in der der lebende Nerv die biogenen Erregungen weiterleitet. Die Fortpflanzung des Innervationsstromes erfolgt bekanntlich vom zentralen gegen das periphere, muskelseitige Nervenende. Wenn der elektrische Strom in dieser Richtung fließt, spricht man von absteigendem, im entgegengesetzten Fall von aufsteigendem Strom. Wie aus dem PFLÜGERschen Zuckungsgesetz im wesentlichen folgt, ist die Schließungszuckung des Muskels kräftiger bzw. schon mit geringerer Stromstärke auslösbar, wenn der Strom in absteigender Richtung fließt, die Kathode also an dem muskelseitigen, distalen Nervenende liegt. Für die Öffnungszuckung liegen die Verhältnisse umgekehrt.

Dieses Ergebnis kann nicht direkt auf den motorischen Nerv des lebenden Menschen übertragen werden. Hier ist die Richtung des Stromes in den gereizten Nervenfasern nicht definiert, da der Strom nach seinem Durchtritt durch die Haut nach allen Richtungen in das Gewebe eindringt und die Nerven an verschiedenen Stellen von Stromlinien verschiedener Richtung getroffen und durchflossen werden. Wir müssen daher unsere Betrachtungen auf die differente Wirkung der einzelnen Pole konzentrieren. Die Polarität wird ja durch die Stromrichtung bestimmt, da der Strom von der Anode aus in den Körper eintritt und aus diesem zur Kathode zurückfließt. Bei aller Unübersehbarkeit der Flußrichtungen in den einzelnen Nervenfasern wird daher — im ganzen betrachtet — eine Änderung der Polarität zu ähnlichen Erscheinungen führen müssen, wie eine solche der Stromrichtung in dem isolierten Nerv. Daß dies tatsächlich der Fall ist, geht aus dem polaren Zuckungsgesetz hervor, welches ganz dem PFLÜGERschen Gesetz entspricht. Es besagt im wesentlichen, daß die durch eine Stromschließung ausgelöste Kontraktion im Bereiche der Kathode stärker ist bzw. schon bei einer geringeren Intensität auftritt als an der Anode.

Bei hohen Stromstärken kommt es auch bei der Öffnung zu einer Reizwirkung. Diese ist jedoch an der Anode stärker als an der Kathode. Darin liegt kein Widerspruch, denn wir wissen, daß die Öffnungserregung auf dem Polarisationsstrom beruht, welcher dem vor der Öffnung zugeführten Strom entgegengerichtet ist. Der Öffnungsstrom an der Anode hat daher die gleiche Richtung wie der Schließungsstrom an der Kathode.

Um die Wirkung des einen Poles rein für sich zu erhalten, muß unipolar gereizt werden, d. h. der Reizeffekt des anderen Poles möglichst ausgeschaltet werden. Zu diesem Zweck legt man diesen außerhalb des zu reizenden Nervengebietes an. Damit er auch dort keine unerwünschten Kontraktionen auslöst, wird die betreffende Elektrode dadurch unwirksam gemacht, daß die Stromdichte an ihr durch Vergrößerung ihrer Fläche möglichst klein gehalten und als Auflagestelle eine muskelarme Körperstelle gewählt wird.

Ein Unterschied zwischen den beiden Polen ist — physikalisch betrachtet — nur bei Gleichstrom gegeben, denn bei Wechselstrom ändern sich die Pole mit jeder Halbwelle. Physiologisch betrachtet kann aber auch ein Wechselstrom polarisiert wirken, nämlich dann, wenn die Halbwellen nicht symmetrisch zur Zeitachse liegen. Dies ist für den faradischen Strom der Fall, bei dem bekanntlich nur die der Öffnung des Primärkreises entsprechenden Stromstöße einen Reiz setzen, wogegen die Schließungszacken geringe Intensität haben und daher unwirksam bleiben.

Die polare Wirkung des faradischen Stromes ist im Vergleich zu der von Gleichstromimpulsen schwach und nur wenig auffallend. Dies scheint daran zu liegen, daß bei den Gleichstromstößen auch elektrotonische Erscheinungen an der Ausprägung der polaren Wirkungen beteiligt sind.

Als Elektrotonus bezeichnet man den Zustand veränderter Erregbarkeit, welcher durch die galvanische Durchströmung eines Nerven entsteht. Wie PFLÜGER für den isolierten Nerv nachgewiesen hat, nimmt während der Durchströmung die Erregbarkeit in dem Bereich der Kathode zu, in dem der Anode ab. Die Erregbarkeitsänderung an der Kathode heißt Katelektrotonus, die an der Anode Anelektrotonus. Erscheinungen dieser Art können auch am lebenden Menschen beobachtet werden. Wenn, wie bei der Anwendung des galvano-faradischen Stromes dem faradischen Strom galvanischer in der Art beigemischt wird, daß die faradische und die galvanische Kathode zusammenfallen, so nehmen die durch den faradischen Strom ausgelösten Muskelkontraktionen deutlich zu, ohne daß dessen Intensität erhöht worden wäre.

Der Kathode kommt demnach nicht nur in bezug auf die Kontraktionserregung, sondern auch in bezug auf die Erregbarkeit selbst die stärkere, steigernde Wirkung zu. Dies weist darauf hin, daß zwischen der Erregbarkeitssteigerung und der Kontraktionsauslösung enge Beziehungen bestehen. Wir wissen, daß beide auf der Verschiebung von Elektrizität beruhen, wozu für den Kontraktionsreiz noch die Forderung nach einer raschen Schwankung der Stromstärke tritt. Ein bloßer Elektrizitätstransport vermag noch keine Kontraktion hervorzubringen, wohl aber die Erregbarkeit zu steigern und damit die Schwelle für den Kontraktionsreiz zu senken. Er kann in diesem Sinne als unterschwelliger Reiz betrachtet werden. Wird ihm ein Kontraktionsreiz überlagert, der für sich allein zu schwach wäre, um den Muskel zum Ansprechen zu bringen, so kommt es zu einer Zuckung.

Ein Elektrotonus tritt nur dann auf, wenn die Elektrizitätsmenge in stets gleicher Richtung verschoben wird. Er kommt daher bei Wechselstrom nicht zustande, da durch die aufeinanderfolgenden Halbwellen gleich große Elektrizitätsmengen in wechselnder Richtung bewegt werden. Die verschiedene Reizwirkung der Kathode und der Anode des faradischen Stromes ist daher keine elektrotonische Erscheinung; sie beruht ausschließlich darauf, daß die anderen Erregungsbedingungen, wie Stromstärke und Steilheit, mit einem Wort die Kurvenform der positiven und negativen Halbwellen voneinander abweichen.

Bei Gleichstromimpulsen ist die Polarität weit stärker ausgeprägt, weil hier zu den ebengenannten Faktoren auch noch die elektrotonische Wirkung der galvanischen Komponente der Gleichstromstöße hinzutritt. Diese tritt um so stärker in Erscheinung, je größer die Flußzeit der Stromstöße und mit dieser die insgesamt verschobene Elektrizitätsmenge ist. Der reizsteigernde Einfluß der Stromdauer kann also auch vom Elektrotonus aus interpretiert werden.

Unipolare und bipolare Reizung. Unipolar nennen wir die elektrische Reizung dann, wenn nur der eine Elektrodenpol erregend wirkt, während die anderspolige Elektrode inaktiv bleibt. Die Reizelektrode wird hierbei auf den motorischen Punkt aufgesetzt, wogegen die indifferente außerhalb des Nervengebietes, gewöhnlich an eine muskelarme Körperstelle gelegt und um ein Mehrfaches größer als die aktive Elektrode gewählt wird.

Die unipolare Reizung entspricht der Zielsetzung der Elektrodiagnostik, die verschiedenen Wirkungen der beiden Pole gesondert zu beobachten und aus einem etwaigen Abweichen von der normalen Zuckungsfolge Rückschlüsse auf den Stand der Erkrankung zu ziehen.

Bei der elektrischen Übungstherapie dagegen kommt es nicht auf die unterschiedliche Wirkung von Kathode und Anode an, sondern einzig darauf, mit dem geringsten Zeitaufwand und der besten Ausnutzung der Apparateleistung ein Höchstmaß an motorischer Reizwirkung zu erzielen. Dies wird aber weit besser durch die bipolare als durch die unipolare Reizung erreicht.

Bei der bipolaren Reizung werden beide Elektrodenpole zur Kontraktionserregung herangezogen. Dies kann etwa so geschehen, daß zwei kleine, verschiedenpolige Elektroden proximal und distal von dem motorischen Punkt aufgesetzt werden. Wie bereits DUCHENNE angegeben hat, können auf diese Weise auch dann noch Muskelbewegungen ausgelöst werden, wenn die unipolare Reizung bereits versagt, da eine weitere Erhöhung der Stromstärke sensibel nicht vertragen wird. Darin liegt der Beweis, daß das Verhältnis der motorischen zur sensiblen Reizwirkung bei der bipolaren Reizung größer ist als bei der unipolaren. Eine bipolare Reizung liegt auch vor, wenn die beiden Elektroden größeren Abstand voneinander besitzen und die eine den motorischen Nerv von einem indirekten, die andere von einem direkten Reizpunkt aus in Erregung versetzt. Oder, wenn bei der Längsdurchströmung eines entnervten Muskels die Kathode dort angelegt wird, wo der Muskel in die Sehne übergeht, während die Anode proximal von jener Stelle zu liegen kommt, von der aus normalerweise die direkte Reizung erfolgt.

Wir wollen eine Reizung auch dann als bipolar bezeichnen, wenn die Elektroden verschieden groß sind und die kleinere, welche den eigentlichen Kontraktionsreiz setzt, an einem motorischen Punkt liegt, die andere nun aber nicht wie bei der unipolaren Methode an einer beliebigen Körperstelle, sondern in dem Reizgebiet selbst, etwa über dem Muskel angebracht ist. Durch die Bezeichnung bipolar wird also nur zum Ausdruck gebracht, daß jeder Pol eine Funktion zu erfüllen hat, die über die bloße Schließung des Stromkreises, wie sie die indifferente Elektrode der unipolaren Reizung besorgt, hinausgeht. Somit werden wir den Begriff bipolar auch dann anwenden, wenn die beiden Elektrodenpole nicht den gleichen Muskel oder denselben Nerv reizen, sondern jede einen anderen Muskel oder eine andere Muskelgruppe zur Kontraktion bringt.

Bei der unipolaren Reizung wird die indifferente Elektrode gewöhnlich an den Körperstamm, und zwar meist an das Kreuz oder den Nacken, seltener an das Sternum gelegt. Die Stromlinien, welche von der Reizelektrode ausgehen, dringen völlig ungerichtet in das Gewebe ein, breiten sich mit zunehmender Tiefe auf immer größere Querschnitte aus und sammeln sich erst wieder an der meist ziemlich entfernt liegenden inaktiven Elektrode. Demgegenüber wird der Strom bei der bipolaren Reizung auf den Verlaufsbereich des zu erregenden Nerven konzentriert. Der Anteil des zugeführten Stromes, welcher sich in nichtreizbares Gewebe verliert, ist kleiner, die zur Reizung nutzbare Stromdichte daher größer als bei der unipolaren Methode. Die Reizschwelle wird hier nicht nur unmittelbar unter der Elektrode, sondern auch in dem interpolaren Gebiet erreicht. Bei der gleichen Intensität des zugeführten Stromes nimmt also die motorische Reizwirkung zu, ohne daß das Stromgefühl gesteigert würde — ein Effekt, der besonders bei der Behandlung schwerer Lähmungen gar nicht hoch genug eingeschätzt werden kann.

C. Die verschiedenen Arten des Reizstromes.

1. Der unterbrochene galvanische Strom von rechteckiger Kurvenform.

Wird eine konstante Gleichstromquelle plötzlich eingeschaltet, so erreicht die Stromstärke in rechtwinkeligem Anstieg einen durch die elektromotorische Kraft und den Widerstand des Kreises bestimmten Wert. Solange die Stromschließung dauert fließt der Strom in konstanter Stärke weiter. Im Augenblick einer plötzlichen Unterbrechung sinkt die Stromstärke in steilem Abfall auf Null zurück. In der Elektromedizin versteht man unter dem zerhackten oder unterbrochenen galvanischen Strom eine Folge solcher rechteckiger Stromstöße. Je nachdem, ob sie in Intervallen von einer bis mehreren Sekunden oder zu mehr als 20 in einer Sekunde aufeinanderfolgen, rufen sie eine Folge von Einzelzuckungen bzw. eine tetaniforme Dauerkontraktion hervor.

Die langsame Stoßfolge. Zur Erzeugung wird entweder die von Hand aus zu bedienende Unterbrecherelektrode oder eine selbsttätige Vorrichtung, z. B. ein Metronomunterbrecher verwendet.

Auf die Herstellung und Anwendung der langsamen Reizfolge werden wir später noch ausführlich zu sprechen kommen. Diese Stromart nimmt insofern eine Sonderstellung in der Elektrogymnastik ein, als sie auch noch bei einer totalen Entartung des motorischen Nerven den Muskel durch direkte Reizung seiner Fasern zu einer Kontraktion zwingen kann. Wegen der hohen Refraktärzeit und des trägen Ablaufes der Muskelzuckung darf der zeitliche Abstand der einzelnen Impulse nicht unter einer halben bis einer Sekunde liegen. Aus therapeutischen Rücksichten wählt man aber die Pausendauer eher größer, und zwar je nach dem Schonungsbedürfnis des Muskels etwa zwei bis fünf Sekunden. Bei einer degenerativen Entartung steigt auch die für eine Kontraktionserregung notwendige Flußzeit des Stromstoßes. Um auch in den schwersten Fällen noch mit Sicherheit einen Reizeffekt zu erreichen, wird man die Stromdauer mit etwa 100 σ ansetzen. Große Fluß- und große Pausendauer sind somit die Kennzeichen der langsamen Reizfolge.

Die rasche Stoßfolge. Zu ihrer Erzeugung wird der konstante galvanische Strom in rasch aufeinanderfolgende Rechteckstöße zerhackt. Auf diese Weise entsteht der sog. LEDUCsche Strom. Die Frequenz der Reizimpulse beträgt etwa 100/Sekunde, das Verhältnis von Strom- und Pausendauer ist gewöhnlich 1 : 9, so daß die Flußzeit des einzelnen Stromstoßes etwa 1 σ beträgt. Dieser Wert kann auch größer gewählt werden. Er liegt auf jeden Fall über der Dauer der faradischen Reize, was zur Folge hat, daß der LEDUC-Strom bei herabgesetzter faradischer Erregbarkeit auf die motorischen Nerven stärker einwirkt als der faradische Strom. Dieser Vorteil kann aber wegen der hohen sensiblen Reizwirkung des LEDUC-Stromes nicht voll ausgenutzt werden. Als Ursache für letztere sind der steile Abfall der Stromkurve sowie die Inkonstanz der Frequenz, welche durch die Drehzahlschwankungen des kleinen Antriebsmotors bedingt sind, zu nennen.

2. Die Kondensator-Entladung.

Ein Kondensator vermag eine gewisse Strommenge aufzunehmen, die um so größer ist, je größer seine Kapazität und die Ladespannung sind. Die gespeicherte Elektrizitätsmenge fließt über einen Leiter, wie ihn das Reizobjekt darstellt, in Form eines Stromstoßes ab, welcher in rechtwinkeligem

Anstieg seinen Höchstwert erreicht und nach einer Exponentialkurve gegen Null absinkt. Die Flußdauer des Entladungsstromes wächst mit der Kapazität des Kondensators und der Größe des Entladungswiderstandes w (Abb. 10). Da letzterer für die verschiedenen Reizobjekte verschieden groß ist, ändert sich die Form und damit die Dauer des Stromstoßes von Fall zu Fall. Diesen Nachteil der Kondensatorentladung kann man dadurch ver-

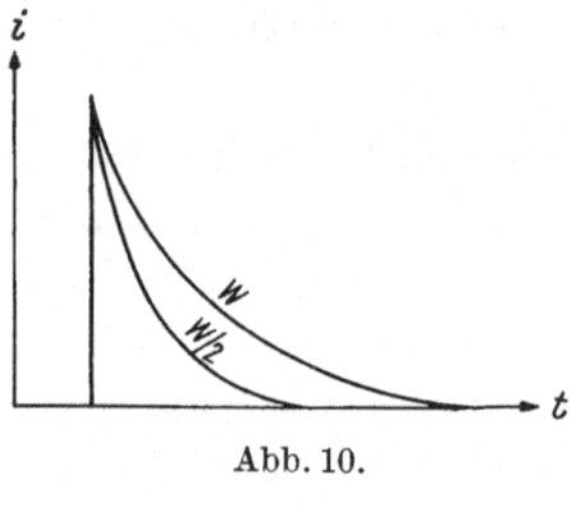
Abb. 10.

mindern, daß man den Widerstand des Entladungskreises durch zusätzliche Widerstände künstlich erhöht. Dadurch wird allerdings die Intensität des Reizstromes sehr begrenzt. Sie genügt wohl für elektrodiagnostische Zwecke, für welche die Reizstärke nur bis zur Auslösung der Schwellenerregung und zur Bestimmung der Chronaxie gesteigert zu werden braucht, reicht aber nicht für eine so kräftige Kontraktionserregung aus, wie wir sie in der elektrischen Gymnastik fordern müssen. Die Flußdauer nimmt mit zunehmender Stromstärke sehr rasch ab, wie der Verlauf der Stromkurve zeigt. Wenn die Frequenz der Stromstöße groß genug sein soll, um eine tetaniforme Kontraktion hervorzubringen, muß die Kapazität entsprechend klein gewählt werden. Dadurch wird aber bei den üblichen Größen des Behandlungswiderstandes die Flußzeit bei den wirksamen Stromstärken bereits so klein, daß ein Vorteil der Kondensatorentladung nicht gegeben ist.

3. Der „sinusfaradische" Strom.

Dieser Wechselstrom, dessen zeitlicher Verlauf durch die Sinusfunktion dargestellt wird, wird von großen Generatoren erzeugt und dem Licht- und Kraftnetz zugeführt. Er besitzt eine Frequenz von 50/Sekunde.

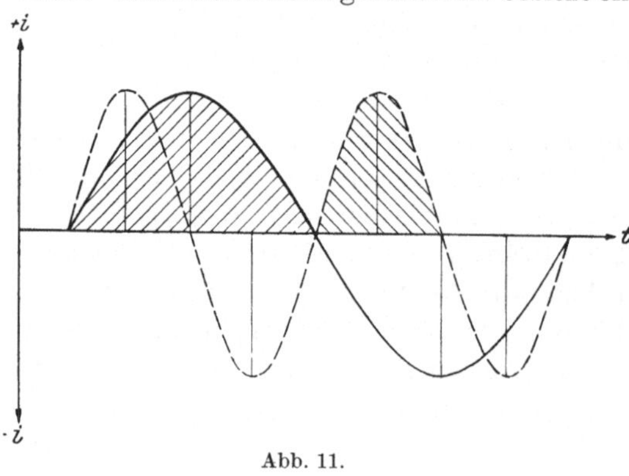
Abb. 11.

Für unsere Betrachtungen wollen wir zunächst einen von einer Halbwelle gebildeten Stromstoß herausgreifen (Abb. 11). Dieser besitzt eine verhältnismäßig lange Flußzeit, die für die Basis der Stromkurve 10 σ beträgt und auch bei den höheren Stromstärken noch eine beträchtliche Größe aufweist. Die je Stromstoß verschobene Elektrizitätsmenge ist also recht bedeutend. Diesem günstigen Moment steht als Nachteil die geringe Steilheit des Stromanstieges gegenüber. Vom Einsetzen des Stromstoßes bis zur Erreichung seines Maximums vergehen nicht weniger als 5 σ, das ist das Fünffache der gesamten Flußzeit eines faradischen Impulses. Dies hat zur Folge, daß die polarisatorischen Gegenkräfte innerhalb der Reizzellen Zeit haben, sich stark genug zu entwickeln, um eine volle Entfaltung der Reizkraft dieser Stromstöße zu verhindern. Deshalb ist ein guter faradischer Strom, trotz seiner außerordentlich geringen Flußzeit, immer noch wirksamer als der Sinusstrom.

Mit zunehmender Frequenz steigt die Steilheit, gleichzeitig nimmt aber die je Halbwelle verschobene Elektrizitätsmenge ab (Abb. 11). Da diese Abnahme den Reizeffekt mehr schwächt, als er durch die Zunahme der Steilheit gesteigert wird, sinkt die Reizkraft mit steigender Frequenz. Dies um so mehr, als bei Wechselstrom die durch die eine Halbwelle erzeugte Konzentrationsänderung durch die folgende Halbwelle von entgegengesetzter Flußrichtung zum Teil neutralisiert wird. Daraus wird verständlich, warum Wechselstrom von höherer, etwa über 200 000/Sekunden betragender Frequenz, wie wir ihn in der Diathermie und Kurzwellentherapie verwenden, keine Kontraktion auslöst.

Bei der normalen Netzfrequenz von 50/Sekunde wird der Muskel zu einer Dauerkontraktion erregt. Wird die Wechselzahl stetig verkleinert, so sinkt die Anstiegssteilheit schließlich unter den für eine Kontraktionsreizung erforderlichen Minimalwert. Derart langsame, wellenförmige Stromschwankungen lösen keine Muskelzuckungen aus, sondern wirken nach Art des konstanten galvanischen Stromes nur noch erregend auf die sensiblen Nerven.

4. Der faradische Strom.

Der faradische Strom entsteht bekanntlich durch elektromagnetische Induktion in der Sekundärspule eines Induktoriums, wenn in dessen Primärspule ein galvanischer Strom rasch unterbrochen wird. Die durch diese Unterbrechungen bewirkten Änderungen des magnetischen Feldes rufen auch primär einen Induktionsstrom in Form des primärfaradischen Stromes hervor. Die Unterbrechung geschieht meist noch auf mechanische Weise, und zwar mit dem WAGNER-NEEFschen Hammer. Die Unterbrechungsfrequenz beträgt gewöhnlich 25 bis 30/Sekunde.

Die Kurvenform des faradischen Stromstoßes zeigt Abb. 12. Es sind auch jene Stromimpulse eingezeichnet, die bei der Schließung des Primärkreises entstehen. Diese bleiben wegen ihrer geringen Intensität ohne Wirkung auf die Nerven; nur die

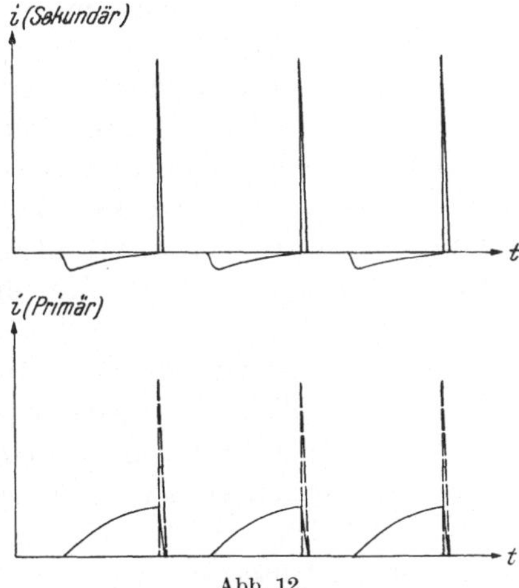

Abb. 12.

der Unterbrechung des Stromes entsprechenden spitzen Stromstöße setzen einen Reiz. Vom physiologischen Gesichtspunkt ist der faradische Strom, und zwar sowohl der primäre wie der sekundäre, eine Folge von Gleichstromstößen, die große Steilheit, jedoch sehr geringe Flußzeit besitzen. Die Kürze der Stromdauer ist durch die Kürze der Zeit bedingt, in der sich die Unterbrechung des Primärkreises vollzieht. Die Flußzeit des faradischen Impulses beträgt an der Basis seiner Kurve nur etwa 1 σ; sie sinkt für die höheren, über der Reizschwelle liegenden Intensitätswerte rasch auf Bruchteile dieses Betrages ab.

Der faradische Strom wird heute noch für die Nervenreizung am meisten verwendet. In der Elektrodiagnostik ist bekanntlich die Herabsetzung oder das Erlöschen der faradischen Erregbarkeit ein wichtiges Symptom für eine Erkrankung oder Verletzung im Bereiche des peripheren motorischen Neurons, das Aufschlüsse über den Grad der Störung und die voraussichtliche Heilungsdauer gibt.

Bei den peripheren Lähmungen ist nicht nur die Erregbarkeit für die Stromdichte, sondern auch für die Flußzeit vermindert, wie die Zunahme der Nutzzeit und der Chronaxie beweist. Da der Induktionsstoß eine so extreme Kürze besitzt, ist der faradische Strom ein besonders feinfühliger Indikator bei peripheren Störungen. Der paretische oder gelähmte Muskel reagiert bei der faradischen Reizung weit deutlicher durch eine Abnahme oder ein völliges Verschwinden seiner Kontraktibilität als bei der Reizung mit einem Strom von größerer Flußzeit.

So wertvoll die geringe Flußzeit den faradischen Strom für die Untersuchung macht, so abträglich ist sie seiner therapeutischen Wirksamkeit. Bei schweren Lähmungen mit stark herabgesetzter oder erloschener faradischer Erregbarkeit versagt der faradische Strom gänzlich. Doch auch wenn die Erregbarkeit unverändert geblieben ist, wie bei den meisten Lähmungen zentralen Ursprunges, ist seine Wirksamkeit beschränkt, da mit der Kürze der Flußzeit die motorische Reizkraft stärker abnimmt als das Stromgefühl, letzteres aber die erträgliche Maximaldosis bestimmt.

Zu diesem, durch die kurze Flußzeit bedingten Nachteil kommt meist noch eine erhebliche Unregelmäßigkeit im Ablauf der Reizfolge. Die Inkonstanz der Unterbrechungsfrequenz und die unrhythmischen Intensitätsschwankungen setzen die erträgliche Stromstärke beträchtlich herab. Sie haben ihre Ursache in dem unregelmäßigen Arbeiten des mechanischen Unterbrechers. Durch eine zweckentsprechende Bauart des WAGNERschen Hammers läßt sich dieser Übelstand wohl vermindern, doch schwerlich ganz beseitigen. Wie die Erfahrung lehrt, ist es am besten, den mechanischen Unterbrecher durch eine besondere Elektronenröhre zu ersetzen, deren elektrische Leitfähigkeit sich sprunghaft zwischen Null und einem endlichen Wert ändert. Die in der Sekundärspule entstehenden Induktionsstöße sind zwar ebenso kurz wie bei mechanischer Unterbrechung des Primärkreises, haben diesen gegenüber aber den Vorteil, mit größter Regelmäßigkeit aufeinander zu folgen und dadurch die sensiblen Hautnerven weniger stark zu erregen.

Wenn der faradische Strom trotz seiner relativ geringen motorischen Reizkraft bisher in der Elektrogymnastik am meisten verwendet wurde, so liegt dies offenbar daran, daß auch die anderen Stromarten nicht wirksamer waren als guter faradischer Strom. Wie wir gesehen haben, hat der LEDUC-Strom eine sehr starke sensible Komponente; die Kondensatorentladungen ändern Flußzeit und Frequenz mit dem Behandlungsobjekt und können bei den Normalwerten des Belastungswiderstandes praktisch kaum in der erforderlichen Stärke erzeugt werden; der sinusfaradische Strom besitzt wohl den Vorzug einer großen Flußzeit, welcher aber durch den Nachteil einer zu geringen Anstiegssteilheit mehr als ausgeglichen wird. Eine wesentliche Überlegenheit über den faradischen Strom konnte erst bei dem Thyratronstrom festgestellt werden.

5. Der Thyratronstrom.

Der Thyratronstrom führt seine Bezeichnung nach dem Thyratron, einer gasgefüllten Dreielektrodenröhre mit elektronenemittierender Kathode, die das Hauptelement seiner Erzeugerschaltung bildet.

Abb. 13 zeigt die Kurvenform dieses niederfrequenten Reizstromes. Seine Intensität erreicht in steilstem Anstieg den Höchstwert. Besonders

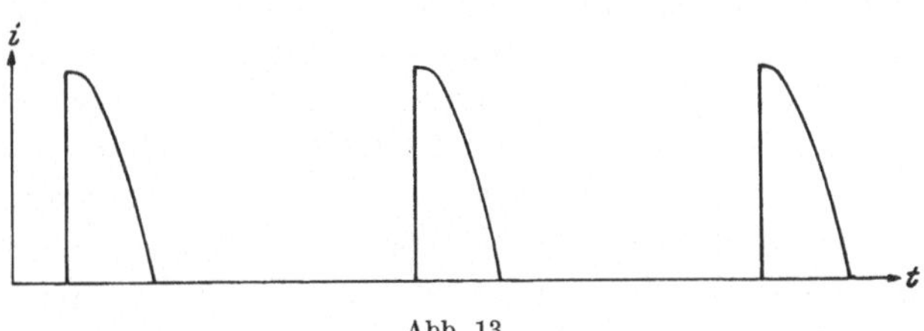

Abb. 13.

ins Auge springend ist die große Flußzeit. Sie beträgt an der Basis der Stromkurve 5 σ und nimmt mit wachsender Stromstärke nur langsam ab, so daß sie bei einer Stromstärke von der halben Maximalintensität immer noch 3,3 σ, bei einer solchen von dreiviertel der Maximalstärke 2,3 σ dauert. Diese Zeitwerte und mit ihnen die je Reizimpuls verschobene Elektrizitätsmenge sind ein Vielfaches von jenen des faradischen Stromes. Auf ihnen beruht im wesentlichen die überlegene Reizkraft des Thyratronstromes. — Die Dauerphase des Stromstoßes geht

stetig in den abfallenden Kurventeil über, welcher nach einer Sinusfunktion auf Null absinkt.

Die Frequenz des Thyratronstromes ist identisch mit der Frequenz
des zu seiner Erzeugung erforderlichen Wechselstromes. Diese beträgt
bei der Stromentnahme aus dem Netz 50/Sekunde, entspricht also genau
der optimalen motorischen Reizfrequenz. Da die Netzfrequenz konstant
ist, ist die Regelmäßigkeit der Reizfolge gewährleistet und damit auch
von dieser Seite der Forderung nach einem Minimum an sensibler Reizwirkung Rechnung getragen.

Die Form der einzelnen Stromstöße sowie die Frequenz der Reizfolge erfüllen in idealer Weise alle Forderungen, die nach dem gegen-
wärtigen Stande der Theorie für das Maximum an motorischer Reizwirkung gestellt werden (s. S. 20). Die praktische Anwendung des Thyra-

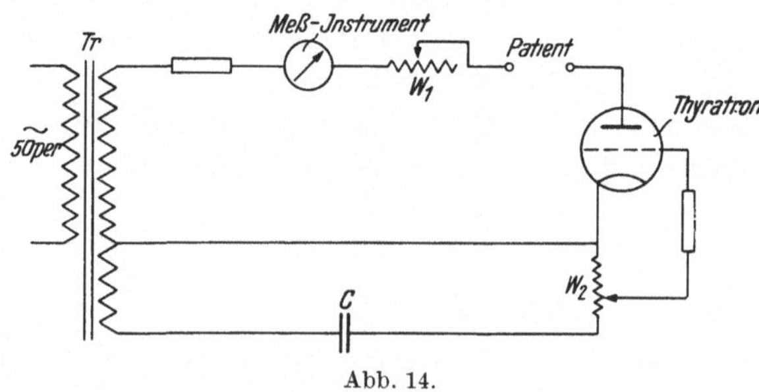

Abb. 14.

tronstromes in der Lähmungsbehandlung zeigt deutlich, daß dieser auch
therapeutisch den anderen Reizströmen überlegen ist. Wenn die faradische Erregbarkeit stark herabgesetzt oder ganz erloschen ist, kommt
dies besonders sinnfällig zum Ausdruck, da es in diesen Fällen gelingt,
Kontraktionen auszulösen — vorausgesetzt natürlich, daß die motorischen Nerven auf eine tetanische Reizung noch ansprechen. Doch
auch bei unverminderter Erregbarkeit tritt die Überlegenheit des Thyratronstromes hervor, indem durch ihn eine bestimmte Kontraktionsstärke
bei einem geringeren Stromgefühl erzielt werden kann als mit einem
anderen, etwa dem faradischen Strom. In allen Fällen macht sich die
größere Tiefenwirkung (s. S. 19) des Thyratronstromes bemerkbar.

Abb. 14 zeigt das Prinzipschema der von NEMEC angegebenen
Schaltung zur Erzeugung des Thyratronstromes.

Die 50-periodische Sinusspannung des Wechselstromnetzes oder eines
Gleichstrom-Wechselstromumformers wird über den Transformator Tr der
Thyratronröhre zugeführt. In Serie mit der Röhre liegen ein Schutzwider-
stand für die Röhre, ein Instrument zur Messung und ein Widerstand w_1
zur Regelung des Behandlungsstromes sowie das Behandlungsobjekt. Der
Patientenkreis ist infolge der transformatorischen Kopplung an das Netz
erdschlußfrei.

Die Gitterspannung wird an dem Widerstand w_2 abgegriffen. Sie hat gegenüber der Anodenspannung eine durch den Kondensator C bestimmte Phasenverschiebung. Liegt der Schleifkontakt von w_2 an dem kathodenseitigen Ende des Widerstandes, so ist die Gitterspannung Null. Das Thyratron wirkt in diesem Falle wie eine einfache Gleichrichterröhre und läßt als solche die vollen Halbwellen des Sinusstromes passieren, Abb. 15, Kurve *a*. Wird die negative Gitterspannung vergrößert, so bleibt, bei richtiger Phasenverschiebung, die Röhre auch für einen Teil der positiven Halbwelle gesperrt, ehe sie zündet, und dem Rest derselben den Durchtritt gestattet. Durch die Verschiebung des Schleifers an w_2 können die Zeitpunkte der Zündung beliebig gewählt und somit alle Übergänge zwischen den Stromformen *a* bis *e* der Abb. 15 erzeugt werden. (Die größere Abfallssteilheit der Kurven *d* und *e* im Vergleich zu den Kurven *a* bis *c* erklärt sich daraus, daß in der Darstellung die Stromstöße *d* und *e* mit der gleichen Maximalintensität abgebildet sind wie die Stromstöße *a*, *b* und *c*.)

Der Widerstand w_2 kann so geeicht werden, daß jeder Stellung seines Schleifkontaktes ein Stromstoß von genau definierter Form und Fluß-

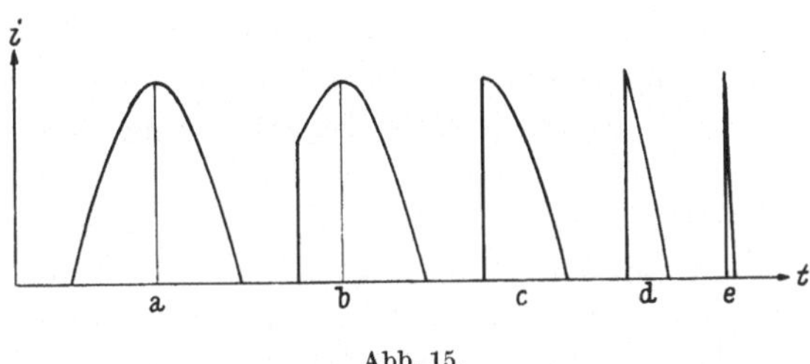

Abb. 15.

zeit zugeordnet ist. Durch die Regelung an dem Widerstand w_1 kann die Stromstärke in beliebigen Grenzen geändert werden; über ihren Mittelwert gibt das Gleichstrominstrument Auskunft. Aus Stromstärke und Stromdauer ergibt sich aber für die nach einer Sinusfunktion abfallende Stromkurve auf höchst einfache Weise die Elektrizitätsmenge. Die angegebene Schaltung ermöglicht also die Herstellung von Stromstößen, bei welchen die für die Reizwirkung wichtigen Parameter: Kurvenform, Stromstärke, Flußzeit und Elektrizitätsmenge wohldefinierte, meß- und veränderbare Werte besitzen.

In Anbetracht des Umstandes, daß durch die Fortschritte der Reizphysiologie „an die Stelle des Begriffes der Erregbarkeit die Reaktionsweise gegenüber den verschiedenen Formen der Reizströme und deren einzelnen Parametern getreten ist" (H. ALTENBURGER), sind dem Thyratronstrom die weitesten Möglichkeiten auch auf dem Gebiet der Elektrodiagnostik vorbehalten.

Für die Elektrogymnastik hat sich die, auch in Abb. 13 dargestellte, Stromform *c* als optimal erwiesen. Der Widerstand w_2 bleibt hierbei auf einem bestimmten Wert fest eingestellt.

D. Die elektrische Gymnastik.

1. Allgemeines.

Nach unseren bisherigen Ausführungen wirkt der elektrische Strom von entsprechender Kurvenform und Intensität als Reiz auf das motorische System, der die Muskeln zu getrennten Einzelzuckungen oder zu einer tetaniformen Dauerkontraktion erregt. Die elektrische Energie von exogener Art tritt hierbei an die Stelle der endogenen Nervenenergie, der elektrische Reiz ersetzt den Nervenreiz der Willkürinnervation.

Diese, der Elektrizität innewohnende Fähigkeit gewinnt eine einzigartige und unersetzliche therapeutische Bedeutung, wenn es darum geht, gelähmte, also willensmäßig nicht zu betätigende Muskeln in Funktion zu bringen. Denn die Erhaltung der physiologischen Funktion bedeutet für den Muskel — ebenso wie für jedes andere Organ — die Bewahrung vor dem Verfall, die Erhaltung seines anatomisch-histologischen Baues. Die kontraktionserregende Wirkung der Elektrizität kann, wie schon gesagt, durch kein anderes Mittel ersetzt werden.

Um diese Wirkung auszuwerten genügt es nicht, eine einmalige Reaktion des Muskels in Form einer Einzelzuckung oder eine Dauerkontraktion von gleichbleibender Stärke auszulösen. Erstere würde keinen bleibenden Eindruck hinterlassen, letztere zu einer Schädigung durch Übermüdung und Erschöpfung führen. Um den Verfall des Muskels hintanzuhalten und ihn darüber hinaus zu stets wachsenden Bewegungs- und Kraftleistungen zu befähigen, muß die Stromwirkung den Muskel in rhythmische, durch ausreichende Ruhepausen unterbrochene Kontraktionen versetzen. Erst durch die periodische und systematische Wiederholung gewinnt die Stromanwendung den Charakter einer Übungstherapie und wird sie zu dem, was wir unter elektrischem Turnen oder elektrischer Gymnastik verstehen.

Um an Stelle eines Dauertetanus rhythmische Muskelbewegungen auszulösen, müssen die niederfrequenten Reizimpulse in ihrer Stärke periodisch zwischen Null und einem Höchstwert geändert werden. Dies kann so geschehen, daß die Reizfolge von Null aus sprunghaft auf die gewünschte Maximalstärke gebracht wird, mit dieser eine kurze Weile weiterfließt, dann ebenso plötzlich wieder auf Null zurücksinkt, um nach einem kurzen, stromlosen Intervall wieder mit der gleichen Promptheit auf den vollen Stromwert anzuspringen. Ein Stromverlauf von dieser Art ist in Abb. 16a schematisch dargestellt. Die einzelnen Reizimpulse sind durch senkrechte Geraden angedeutet. Aus zeichnerischen Gründen ist das Verhältnis zwischen der Frequenz der Einzelimpulse und jener der Unterbrechung bzw. der Schwellung (Kurvenzug *b*) nicht richtig dargestellt. In Wirklichkeit kommen auf jede Arbeitsperiode des Muskels weit mehr Stromstöße.

Der Muskel antwortet auf diesen rhythmisch unterbrochenen oder zerhackten Reizstrom mit einer brüsken Anspannung oder Verkürzung seiner Fasern zu Beginn des Stromeinsatzes, behält diese in konstanter Stärke bei und fällt mit dem Aussetzen der Reizfolge ebenso plötzlich wieder in den Zustand der Erschlaffung zurück. Die Relaxationsphase endet mit dem Augenblick, in dem die Stromstöße wieder einsetzen.

Diese Art der Muskelbewegung hat wenig Ähnlichkeit mit einer willkürlich ausgelösten Kontraktion, denn bei dieser geraten nicht alle Muskelelemente auf einmal in Tätigkeit, sondern neben den tätigen Fasern sind auch ruhende vorhanden; erst mit Zunahme der Kraftanstrengung erhöht sich in stetiger Weise die Zahl der betätigten Fasergruppen.

Das physiologische Muskelspiel kann weitgehend durch die elektrisch ausgelösten Kontraktionen nachgebildet werden, wenn die Reizstöße, von Null ausgehend, langsam

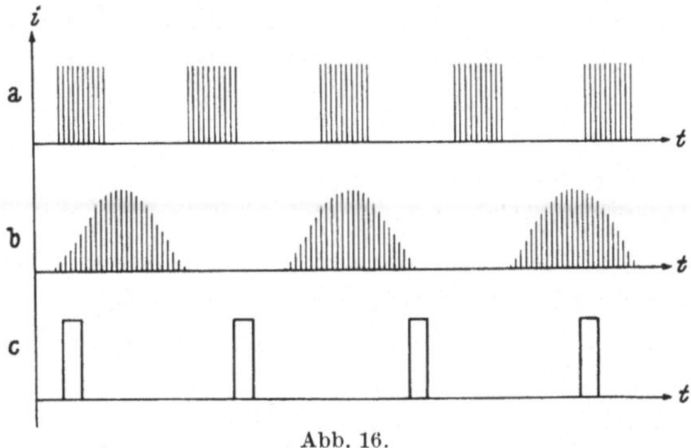

Abb. 16.

und stetig zu der gewünschten Höchststärke anschwellen und langsam wieder auf Null zurückgehen. Mit zunehmender Stromstärke wird die Reizschwelle der Kontraktionserregung für eine immer größere Zahl von Nerven- und Muskelfasern erreicht, da die Eindringtiefe der Stromwirkung mit zunehmender Intensität größer wird; die Gesamtspannung des Muskels steigt daher an. In entsprechender Weise erfolgt die Erschlaffung des Muskels.

Ein niederfrequenter Reizstrom von solchem Intensitätsverlauf wird als Schwellstrom bezeichnet (Abb. 16 b); die mit diesem durchgeführte Elektrogymnastik heißt daher auch Schwellstromtherapie. Aus den erwähnten Gründen ist der geschwellte Reizstrom dem unterbrochenen unbedingt vorzuziehen.

Wie wir wissen führt der niederfrequente Reizstrom — und als solcher natürlich auch der Schwellstrom — zu keiner Kontraktion, wenn durch eine Schädigung im Bereiche des peripheren motorischen Neurons die Nervenfasern völlig degeneriert sind. In diesem schwersten Falle der schlaffen Lähmung kann der „entnervte" Muskel nicht mehr auf dem normalen Weg über seinen motorischen Nerv, sondern nur noch durch direkte Reizung seiner Fasern zur Kontraktion gezwungen werden. Das einzige Mittel hierzu ist der galvanische Stromstoß von einer Flußzeit,

die ein Vielfaches der Dauer eines einzelnen niederfrequenten Reiz-
impulses beträgt. Der Muskel reagiert auf eine solche Reizung mit einer
trägen, wurmförmigen Zuckung. Für die Zwecke der Elektrogymnastik
stehen uns solche Stromstöße von langen, gleichmäßigen Intervallen in
Gestalt des **rhythmisch unterbrochenen oder zerhackten galvanischen Stromes** zur Verfügung (Abb. 16 c).

2. Die physiologischen und therapeutischen Wirkungen.

Die Kontraktionserregung. Die rhythmische Kontraktion des elektrisch gereizten Muskels ist die sinnfälligste und eine der bedeutsamsten
Wirkungen der Elektrogymnastik. Je nach der Zuführung des Stromes
werden einzelne Muskeln oder ganze Muskelgruppen, die der Kranke
willensmäßig überhaupt nicht oder nur unvollkommen betätigen kann,
in Aktion gesetzt. Diese Aufrechterhaltung ihrer physiologischen Funktion verhindert, daß die Muskelfasern infolge Inaktivität atrophieren
und bei längerer Dauer der Erkrankung schließlich durch Bindegewebe
ersetzt werden. Durch die Kontraktionswirkung wird daher auf jeden
Fall die Zeitdauer bis zur Wiedererlangung der ursprünglichen Muskelkraft verkürzt. Darüber hinaus kann sie die Voraussetzung dafür sein,
daß der Muskel überhaupt wieder gebrauchsfähig wird. Denn wenn das
neuro-motorische System auch wieder funktionsfähig geworden ist —
etwa durch Resorption von Blutergüssen im Gehirn oder durch Aus-
heilung einer peripheren Nervenschädigung —, so führt dies nur dann
zur Wiederherstellung der Beweglichkeit, wenn die Muskelfasern unver-
sehrt und funktionstüchtig geblieben, nicht aber, wenn sie durch Untätigkeit hochgradig geschwächt oder durch Degeneration zugrunde
gegangen sind.

Außer der Aufgabe, die gelähmten Muskeln vor der Atrophie und
dem Verfall zu behüten, verfolgt die Kontraktionserregung auch das
Ziel, bestimmte Muskeln oder Muskelfasern soweit zu kräftigen, daß sie
imstande sind, für jene, deren Nerven vollständig und unheilbar zerstört
sind, kompensatorisch einzutreten. Dies ist vor allem bei den schweren
Formen der schlaffen Lähmung von Wichtigkeit. Doch auch bei der
spastischen Lähmung ist es oft notwendig, die paretischen Muskeln auf
ein höheres Niveau ihrer Kontraktionskraft zu bringen, damit sie ihren
spastisch kontrahierten Antagonisten mit Erfolg entgegenwirken können.

Die Steigerung der Leistungsfähigkeit kommt objektiv durch die Zu-
nahme des Muskelvolumens zum Ausdruck. BORDIER, ZIMMERN und COT-
TENOT haben festgestellt, daß der Umfang eines Armes bei systematischer
Anwendung der Elektrogymnastik um bis zu 10 % größer ist als vor der
Behandlung.

Die Ermüdung durch die rein elektrisch bedingte Muskelarbeit ist
erfahrungsgemäß weitaus geringer als durch die Willkürbetätigung. Wir

wissen, daß bei der Elektrogymnastik die endogene Nervenenergie durch exogene elektrische Energie ersetzt wird. Dadurch hat das Zentralnervensystem keine Arbeit zu leisten, welche normalerweise darin besteht, Willensimpulse in Gestalt von physiologischen Nervenreizen an die Peripherie zu senden. Die Nervenermüdung, welche an dem Ermüdungsgefühl wesentlichen Anteil besitzt, tritt daher hier nicht in Erscheinung.

Die Erregungsbahnung. Ebenso wichtig wie für die Erhaltung und Steigerung der Muskelkraft ist die Elektrogymnastik für die Bahnung der zentrifugal geleiteten motorischen und der zentripetal verlaufenden tiefensensiblen Nervenreize.

Der sinnvolle physiologische Bewegungsablauf setzt voraus, daß die Willensimpulse, welche als Nervenreize von der Großhirnrinde aus über die motorischen Bahnen den Muskeln zufließen, in der richtigen Stärke und Aufeinanderfolge ausgelöst werden. Zu diesem Zweck müssen die motorischen Zentren in jedem Augenblick über die Spannung und Lage der Muskeln informiert sein. Diese Kenntnis, das sog. Muskelgefühl, vermitteln die tiefensensiblen Nerven, welche die Erregungen von der Peripherie nach dem Zentrum leiten. Sie sind für eine geordnete, zweckgerichtete Muskeltätigkeit ebenso wichtig wie die motorischen Nerven. Ihr Ausfall hat die bekannten Koordinationsstörungen zur Folge, die als ataktische Bewegungen in Erscheinung treten.

Das richtige Zusammenspielen und Ineinandergreifen der in entgegengesetzten Richtungen fortgeleiteten Erregungen muß bekanntlich von Kind auf erlernt werden. Man spricht hier von einer Erregungsbahnung. Um sie aufrecht zu erhalten, ist fortgesetzte Übung erforderlich. Setzt diese aus irgendeinem Grunde, etwa infolge einer Lähmung, auf längere Zeit aus, so geraten die erlernten Funktionen mehr und mehr in Vergessenheit. Dies kann dazu führen, daß der Kranke seine Muskeln nicht gebrauchen kann, obwohl diese selbst sowie ihre Nerven völlig intakt geblieben sind. Auf diese Weise entsteht das Bild der Gewohnheitslähmung.

Wie die Erfahrung lehrt, beruht bei den meisten Lähmungen von längerem Bestand ein mehr oder minder großer Anteil der Unbeweglichkeit auf funktioneller Grundlage. Bei der Heilung der Gewohnheitslähmung vermag die Elektrogymnastik ebenfalls Vorzügliches zu leisten. Voraussetzung dafür ist, daß die elektrisch ausgelösten Kontraktionen zu einer deutlich sichtbaren Bewegung führen.

Solange nur eine Übung des Muskels angestrebt wird, ist es gleichgültig, ob die Kraftleistung in einer Zunahme der Muskelspannung bei gleichbleibender Länge des Muskels besteht (isometrische Kontraktion), oder durch eine Verkürzung bei konstanter Spannung (isotonische Kontraktion) zur Wirkung kommt. Bei der isometrischen Kontraktion bleibt

das Gelenk durch die Gegenwirkung der Schwerkraft oder einer zusätzlichen Belastung in Ruhe, wogegen die isotonische Kontraktion von
einer Bewegung im Sinne der Muskelkraft begleitet ist. Der letztgenannten Kontraktionsform ist der Vorzug zu geben, wenn auch der
funktionelle Anteil der Lähmung bekämpft werden soll.

Der Kranke ist bei dieser Behandlungsart anzuweisen, die Bewegungen zu beobachten und im Rhythmus und Sinne der Kontraktionen
eigene Willensanstrengungen zu machen. Dadurch, daß er den Bewegungsablauf verfolgt und mitfühlt, fördert er die Erregungsbahnung
für die zentripetalen Reize; gleichzeitig wird durch die willensmäßige
Anstrengung die Bahnung für die zentrifugal laufenden Willensreize der
motorischen Nerven begünstigt.

Die isotonische Kontraktionsform hat auch eine stark psychische
Wirkung: Wenn der Kranke seine totgeglaubten Muskeln wieder in
Tätigkeit sieht, wird seine Hoffnung und sein Wille, gesund zu werden,
sichtlich gestärkt. Er ist dann um so mehr bereit, die Anweisungen
zur Mitarbeit an der Überwindung der funktionellen Lähmung zu befolgen.

Die Steigerung von Tonus und Erregbarkeit. Die Grundspannung
oder der Tonus der Muskulatur wird auch durch das Nervensystem
vermittelt. Die für den Tonus verantwortlichen Nerven werden bei der
elektrischen Übungsbehandlung ebenfalls vom Strom durchflossen, wodurch es erfahrungsgemäß zu einer Erhöhung des Tonus kommt. Eine
solche ist dort von besonderem Wert, wo die Muskeln hypotonisch sind,
also bei allen Formen der schlaffen Lähmung. Dagegen muß bei der
Krampflähmung eine Elektrisation der hypertonischen Muskeln unbedingt vermieden werden, da durch eine solche die Spasmen noch verstärkt würden. Der Strom muß hier ausschließlich auf die paretischen
Muskeln konzentriert werden.

Die motorischen Nerven leiten die Erregung, welche durch den
Willensimpuls in den motorischen Zentren ausgelöst wird, dem Muskel
zu. Der physiologische Nervenreiz ist seiner Natur nach unbekannt.
Wir wissen nur, daß der Reiz wellenförmig über den Nerven geht und
sich beim Menschen mit einer Geschwindigkeit von durchschnittlich
60 bis 80 m/sec fortpflanzt. Die in zentrifugaler Richtung geleitete Erregungswelle ist offenbar durch eine chemische Veränderung innerhalb
der Nervenfaser bedingt. Eine Störung des Leitvermögens hat zur Folge,
daß der Muskel willkürlich nicht bewegt werden kann. Eine solche ist
meist die Ursache der schlaffen Lähmung.

Die Leitfähigkeit für endogene Willensreize zeigt ein weitgehend
paralleles Verhalten mit der Erregbarkeit der Nerven für exogene,
elektrische Reize. Hat ein Nerv für längere Zeit seine Erregbarkeit verloren, so ist auch sein Leitvermögen erloschen, und umgekehrt bessert

sich bei einer Steigerung der Erregbarkeit die Reizleitung. Dieser Umstand gewinnt größte Bedeutung, da der elektrische Strom die Erregbarkeit der Nerven im ganzen hinaufsetzt, ihre Reizschwelle also senkt.
Verursacht wird diese Stromwirkung offenbar durch elektrochemische
Veränderungen innerhalb der Nervenfasern, die sich auf der ganzen
Breite des Stromweges abspielen.

Wir können uns die Erregbarkeitssteigerung auf höchst einfache
Weise anschaulich machen, wenn wir eine Extremität der Länge nach
elektrisch durchströmen und einem motorischen Nerv, der im Bereiche
der Stromwirkung liegt, einen Stromstoß zuführen. Ist die Reizstärke
des letzteren so gering gewählt, daß ohne die Längsdurchströmung eben
noch keine Muskelbewegung zustande käme, so kann eine solche wohl
während der Durchströmung beobachtet werden. Dies beweist, daß der
vorher unterschwellige Reiz durch die mit dem Elektrisieren verbundene
Senkung der Reizschwelle zu einem überschwelligen geworden ist
(BABINSKI, DELHERM und JARKOWSKI). Gleichzeitig mit dieser Steigerung der Erregbarkeit für exogene Reize wird auch die Leitfähigkeit
für endogen ausgelöste, willensbedingte Erregungswellen verbessert.
Dies läßt sich nicht selten dadurch nachweisen, daß ein Muskel, der
willkürlich nicht bewegt werden kann, bei Durchleitung von konstantem,
also für sich nicht kontraktiv wirkenden Strom, willensmäßig zur Kontraktion gebracht werden kann. Die durch die Erkrankung oder Verletzung bedingte Minderung der Nervenleitfähigkeit für physiologische
Reize wird durch den elektrischen Strom zum Teil wieder aufgehoben.

Die Steigerung der elektrischen Erregbarkeit und mit ihr die Verbesserung der Leitfähigkeit für Willensreize besteht zunächst nur während der elektrischen Durchströmung und verschwindet in ihren erkennbaren Auswirkungen nach dem Abschalten des Stromes. Sie wird jedoch
von einem vorübergehenden Effekt zu einer anhaltenden therapeutischen
Wirkung, wenn die Behandlung systematisch wiederholt und lange genug
fortgesetzt wird. Diese Tatsache erklärt sich aus der vor allem der
Nervenzelle eigenen Fähigkeit zur Reizbewahrung. Jeder Reiz hinterläßt eine gewisse Änderung der molekularen Zellstruktur, welche sie
befähigt, das nächstemal auf den Reiz leichter anzusprechen. Wird
etwa ein Bündel glatter Muskelfasern durch rhythmisch unterbrochenen
galvanischen Strom gereizt, dessen Stärke so gering ist, daß anfangs noch
keine Reaktion eintritt, und die Reizung eine Zeit hindurch fortgesetzt,
so beginnt der Muskel zu reagieren. Die Reizzellen bewahren also die
Eindrücke der abgelaufenen Erregungen und verbinden sie mit den
nächstfolgenden, bis durch Summation die Reizschwelle überschritten
wird. L. MANN hat auf die Steigerung der Erregbarkeit durch regelmäßige Faradisation hingewiesen. Sie gilt, wie die Erfahrung lehrt, für

jede Art von richtig und systematisch angewandter Elektrisation und wirkt vor allem infolge der Verbesserung der endogenen Leitfähigkeit auch in bezug auf Willensimpulse. Tierexperimente von REID, DÉJERINE, FRIEDLÄNDER, GOETZE haben dies eindeutig bewiesen.

Wir schätzen in der erregbarkeitssteigernden Wirkung des elektrischen Reizstromes eine seiner wertvollsten Heilkomponenten. Es gibt weder für diese noch für die Kontraktionserregung ein Mittel, welches ähnliche Wirkungen entfalten und die Elektrizität ersetzen könnte.

Die zunehmende Erregbarkeit für elektrische Reize hat den weiteren Vorteil, auch die kontraktive Reizkraft des Stromes zu heben und damit den therapeutischen Effekt auf den Muskel selbst mit zunehmender Behandlungsdauer zu steigern.

Die Förderung der Zirkulation. Die Erregung der Vasomotoren gehört zu den spezifischen Wirkungen des elektrischen Stromes. Sie wächst mit der Größe der in einer Richtung verschobenen Elektrizitätsmenge, ist daher für Gleichstrom größer als für Wechselstrom und erreicht das Maximum für den konstanten galvanischen, das Minimum für den faradischen Strom. Für einen Reizstrom von großer Flußzeit der Stromstöße, besitzt sie ein beträchtliches Ausmaß und wird dadurch zu einer bedeutsamen therapeutischen Nebenwirkung der elektrischen Gymnastik.

Die erregende Wirkung des Stromes auf die Vasomotoren erkennen wir rein äußerlich an der Hyperämie, der Hautrötung an der von den Elektroden bedeckten Stellen, die häufig stunden- und tagelang anhält. Sie ist natürlich nicht auf die Hautgefäße beschränkt, sondern erstreckt sich auf das gesamte vom Strom durchflossene Gebiet. Die zirkulationsfördernde, trophische Wirkung ist besonders wertvoll bei der Behandlung von Lähmungen, bei welchen auch Zirkulationsstörungen infolge einer Gefäßlähmung auftreten, wie dies bei den schlaffen Lähmungen, insbesondere der Poliomyelitis häufig der Fall ist. Bei diesen werden meist nicht nur die motorischen Nerven- und Muskelzellen geschädigt, sondern auch die Blutgefäße, und selbst die Haut zeigt trophische Schädigungen. — Nach der Behandlung fühlen sich die vorher kalten Extremitäten warm an, die Zyanose ist einer hellroten Färbung gewichen, vorhanden gewesene Ödeme verschwinden häufig. Die bessere Durchblutung fördert die Ernährung des Muskels und begünstigt dadurch die Wiederherstellung seiner Funktion.

Die Durchblutung des Muskels wird jedoch nicht nur durch die elektrische Erregung der Vasomotoren gesteigert, sondern auch durch die elektrisch ausgelöste, rhythmische Kontraktionsarbeit selbst. Es ist bekannt, daß durch den arbeitenden Muskel eine wesentlich (bis fünfmal) größere Blutmenge strömt als durch den ruhenden. Bei der Zusammenziehung wird er wie ein Schwamm ausgepreßt, bei der Er-

schlaffung saugt er neues Blut an und schiebt dieses bei der nächsten
Kontraktion in der Richtung des Blutstromes weiter.

Da diese Kontraktionen dem Muskel durch äußere Einwirkung auf-
gezwungen werden, erfordert die Steigerung der Durchblutung zum
Unterschied von der willensmäßigen Muskelarbeit keine Steigerung der
Herztätigkeit. Die aufeinanderfolgende Saug- und Pumparbeit fördert
den Blutkreislauf, ohne das Herz zusätzlich zu beanspruchen und wirkt
dadurch geradezu schonend auf das Herz.

3. Die Heilanzeichen.

Die vielseitige Anwendungsmöglichkeit der elektrischen Gymnastik
geht schon aus den im letzten Abschnitt erwähnten therapeutischen
Wirkungen hervor. Wir können uns daher hier auf die Nennung einiger
ihrer wichtigsten Indikationen beschränken[1]. Diese sind:

Periphere Nervenlähmungen, wie sie z. B. durch Traumen
verursacht werden. Am gefährdetsten sind bekanntlich der N. radialis
und der N. peronaeus. Hierher gehören auch die Narkose- und Krücken-
lähmungen. Ebenso häufig, wenn nicht noch häufiger, sind die Lähmungen auf Grund einer infektiösen Neuritis, wozu die rheumatische
Fazialislähmung, die postdiphtherischen und postgrippösen Lähmungen
zählen. Ihnen schließen sich die toxischen Schädigungen infolge einer
Vergiftung mit Alkohol, Blei oder anderen Giften an.

Spinale Lähmungen, deren wichtigste diejenige ist, die im Gefolge einer epidemischen Poliomyelitis auftritt. Sie ist im Gegensatz
zu den zerebralen Bewegungsstörungen eine sog. schlaffe Lähmung. Als
weitere Ursachen kommen dann sonstige Myelitisformen, spinale und
extraspinale Geschwülste, Erkrankungen der Wirbelsäule und Verletzungen in Betracht.

Zerebrale Lähmungen, wie sie bei Erkrankungen oder Verletzungen in der Gegend der motorischen Zentren oder der Pyramidenbahn zustandekommen. Die weitaus häufigste Form ist die zerebrale
Hemiplegie infolge einer Blutung oder Embolie. Diese Lähmungen sind
meist spastischer Natur.

Progressive Muskelatrophien und Muskeldystrophien.
Hier handelt es sich um Systemerkrankungen der motorischen Leitungs-
bahnen oder um eine Erkrankung der Muskelsubstanz selbst.

Muskelatrophien infolge Gelenkerkrankungen. Motori-
scher Nerv, Muskel und Gelenk bilden infolge ihrer steten biologischen
Zusammenarbeit eine dynamische Einheit, deren Teile auf Gedeih und
Verderb miteinander verbunden sind. Jede zur Einstellung der Muskel-

---

[1] KOWARSCHIK, J.: Ther. Gegenw. **1939**, H. 5.

funktion führende Erkrankung bedingt auch eine Atrophie der Gelenkteile, und jede Erkrankung des Gelenks hat unfehlbar eine Schädigung der zugeordneten Muskulatur im Gefolge. Es handelt sich hier nicht um eine einfache Inaktivitätsatrophie, sondern um eine reflektorische Störung des Systems, was schon daraus hervorgeht, daß nicht alle das Gelenk bewegenden Muskeln in gleicher Weise an der Atrophie beteiligt sind, sondern nur immer ganz bestimmte Muskelgruppen besonders geschädigt erscheinen. Das gilt für die Erkrankungen einzelner Gelenke ebenso wie für eine Massenerkrankung derselben, wie wir sie z. B. bei der chronisch-progressiven Polyarthritis vor uns haben, einer Erkrankung, die stets mit einem schweren Muskelverfall einhergeht.

Inaktivitätsatrophien. Diese treten immer dann ein, wenn die Gelenk-Muskelfunktion aus irgendeinem Grunde behindert oder aufgehoben ist. Das trifft für alle Verletzungen an den Bewegungsorganen, Frakturen, Luxationen, Distorsionen, Kontusionen, Zerreißungen oder Blutungen der Weichteile oder auch für die Operationen zu, die aus therapeutischen Gründen eine längerdauernde Ruhigstellung erfordern. Häufig sind derartige Verletzungen schon lange geheilt, während die durch die Ruhigstellung zurückgebliebene Muskelatrophie und Gelenkversteifung die Bewegungsunfähigkeit in hohem Maße einschränken.

Funktionelle Schwäche der Skelettmuskulatur, wie sie bei Plattfuß an den Fußmuskeln, bei Skoliose an den Rückenmuskeln zum Ausdruck kommt. Hierher zählt auch die Hypotonie der Bauchdecken, die bei Frauen im Gefolge einer Geburt oder Laparotomie auftritt.

Funktionelle Schwäche der glatten Muskulatur, wie Magen- und Darmatonie (Obstipation), Schwäche der Blasenmuskulatur, sei es des Detrusors oder des Sphinkters.

Störungen der Blutversorgung, wie sie durch Endangiitis obliterans, Arteriosklerose oder Varizenbildung bedingt sind. Die sich rhythmisch zusammenziehenden Muskeln wirken wie ein Pumpwerk auf die Blutbewegung. Die Muskelarbeit ist infolgedessen das hervorragendste Mittel, den Kreislauf zu fördern und die Ernährungsstörung der Gewebe zu beheben.

4. Die Apparatetechnik.

Ein Apparat für Elektrogymnastik hat zwei Funktionen zu erfüllen. Erstens die Erzeugung des niederfrequenten Reizstromes und zweitens die rhythmische Variation der Stromstärke.

Die Stromerzeugung. Die meisten Schwellstromapparate arbeiten heute noch mit dem faradischen Strom. Das Erzeugungsprinzip desselben kann als bekannt vorausgesetzt werden. Zumeist erfolgt die Unterbrechung des Primärkreises noch durch mechanische Mittel, und zwar mit dem WAGNERschen Hammer. Schon BERGONIÉ weist darauf hin, daß dieser die Hauptquelle aller Störungen ist und die Qualität des faradischen Stromes in hohem Maße von dem regelmäßigen und exakten Arbeiten dieses Unterbrechers abhängt. Um die dauernden Schwierigkeiten zu umgehen, werden bereits Apparate hergestellt, in welchen die Unterbrechungen durch elektrische Mittel mit Hilfe einer Elektronenröhre bewirkt werden.

Kurvenform und Maximalstärke des faradischen Stromes sind auch von der Dimensionierung des Induktoriums abhängig, welches bekanntlich aus einer Primärspule, einer Sekundärspule und einem gemeinsamen Eisenkern besteht. Meist ist der Anstieg des Primärstromes bei der Schließung des Kreises so flach, daß die hierdurch induzierten Spannungsstöße eine zu geringe Intensität und Steilheit aufweisen, um für eine motorische Reizung in Betracht zu kommen. Der langsame Anstieg bei der Schließung ist durch die Selbstinduktion des Kreises bedingt. Wird sie möglichst klein gehalten, so können neben den Öffnungs- auch die Schließungsimpulse einen Reiz setzen, wodurch die Kurvenform des faradischen Stromes eine gewisse Symmetrie erlangt. — Für die Leistungsfähigkeit des Apparates haben die elektrischen Daten des Induktoriums insofern Bedeutung, als die abgebbare Maximalstärke des Stromes in hohem Maße von der richtigen Anpassung des inneren Apparatewiderstandes an den äußeren Widerstand des Behandlungskreises bestimmt wird. Ist der Behandlungswiderstand klein und werden große Stromstärken benötigt, wie etwa bei der Verwendung sehr großflächiger Elektroden oder im elektrischen Bad, so darf der Widerstand der Induktionsspule nicht zu groß sein. Andernfalls würde nämlich der Spannungsabfall in dem Spulenwiderstand so groß sein, daß die an den Apparateklemmen verbleibende Spannung nicht mehr imstande wäre, die gewünschte Stromstärke durch den äußeren Widerstand zu treiben. Um einen starken Strom (courant de quantité) durch ein niederohmiges Objekt zu schicken, muß man daher den Apparat- bzw. Spulenwiderstand klein wählen. Man wird hier mit Vorteil an die Primärspule oder an eine besondere Sekundärspule mit verhältnismäßig wenigen Windungen eines starken Drahtes und daher geringem Widerstand anschließen. — Demgegenüber sind die Anforderungen an die Stromstärke gering, wenn es sich um eine elektrische Untersuchung mit einer kleinen Elektrode oder um eine sensible Reizung mit dem faradischen Pinsel handelt, der äußere Widerstand dagegen ist erheblich höher als in den vorerwähnten Fällen. Diesem hohen Widerstand gegenüber fällt der Spulenwiderstand auch dann nicht ins Gewicht, wenn die Spule aus vielen Windungen eines dünnen Drahtes besteht. Eine solche müssen wir hier aber verwenden, wenn die Spannung hoch genug sein soll, um für die Erzeugung von wirksamen Stromstärken (courant de tension) auszureichen.

Der Primärkreis des faradischen Apparates wird im allgemeinen mit Gleichstrom gespeist. Dieser wird bei den tragbaren Apparatetypen meist einer eingebauten galvanischen Batterie entnommen. Der Vorteil, vom Netzstrom unabhängig zu sein, fällt bei der fortgeschrittenen Elektrifizierung nicht mehr so sehr ins Gewicht und wird durch den Nachteil, die verbrauchten Elemente laufend erneuern zu müssen, kaum mehr aufgewogen. Es werden deshalb auch tragbare faradische Schwellstromapparate schon für Netzanschluß gebaut. Die größeren Apparate sind fast ausschließlich für den Netzbetrieb eingerichtet. Je nachdem ob ein Gleichstrom- oder ein Wechselstromnetz vorliegt, wird die erforderliche niedrige Gleichspannung über einen Gleichstrom-Gleichstromumformer bzw. einen Transformator mit anschließender Elektronenröhrengleichrichtung gewonnen. Da das Wechselstromnetz weitaus überwiegt, findet man am häufigsten die letztgenannte Art der Betriebsstromerzeugung.

Die weniger gebräuchlichen sinusfaradischen Apparate werden vom Netz aus betrieben. Bei Wechselstrom wird die Netzspannung durch einen Transformator herabgesetzt, bei Gleichstromanschluß wird zwischen das Netz und den Apparat ein Gleichstrom-Wechselstrom-Umformer geschaltet.

Die Erzeugung des Thyratronstromes wurde bereits früher behandelt. Dieser Strom wird von einem am Schluß des Kapitels beschriebenen elektrotherapeutischen Universalgerät sowie von einem tragbaren Apparat geliefert. Beide Apparatetypen werden vom Netz aus betrieben. Bei Wechselstrom kann direkt angeschlossen werden, wogegen bei Gleichstrom ein Umformer eingeschaltet werden muß.

Die rhythmische Variation der Stromstärke. Die primitivste Methode, die Stromstärke periodisch zu ändern, ist die abwechselnde Schließung und Öffnung des Stromkreises von Hand aus, etwa mit einer Unterbrecherelektrode. Auf die gleiche Art wäre es denkbar, ein An- und Abschwellen der Stromstärke durch ein langsames Auf- und Zudrehen des Intensitätsreglers zu erzielen. Beide Möglichkeiten sind umständlich und zeitraubend und besitzen den großen Nachteil, wegen des manuellen Betriebes eine Arrhythmie in den Stromablauf zu bringen, die sich therapeutisch höchst ungünstig auswirkt. Aus diesem Grunde wird die Variation der Reizstärke selbsttätig arbeitenden Einrichtungen übertragen.

Von den automatischen Unterbrechern sind zwei Typen zu nennen: Der Metronomunterbrecher und der motorisch betriebene Unterbrecher. Der erste besteht aus einem durch ein Uhrwerk in

Bewegung gehaltenen Pendel, das mit zwei Kontaktstiften versehen ist. Diese sind mit dem einen Pol des Stromerzeugers verbunden, während dessen zweiter Pol in geteilter Leitung zu zwei mit Quecksilber gefüllten Näpfchen führt. Bei den Pendelbewegungen tauchen die Stifte abwechselnd in das Quecksilber ein und schließen dadurch den Stromkreis, beim Auftauchen unterbrechen sie ihn wieder. Die Schwingungszahl des Pendels und mit dieser das Tempo der Unterbrechungen kann innerhalb gewisser Grenzen eingestellt werden. Meist folgen die Stromstöße mit einer Frequenz von 1 in der Sekunde aufeinander. Der Metronomunterbrecher wurde für die Elektrogymnastik von BERGONIÉ und HUET dahin ausgebaut, daß er außer der Unterbrechung auch eine Richtungswendung der aufeinanderfolgenden Stromstöße bewirkt. — Die zweite Möglichkeit, den niederfrequenten Reizstrom taktmäßig auf automatische Weise zu unterbrechen, besteht darin, die intermittierende Schließung und Öffnung des Stromkreises einer rotierenden Einrichtung zu übertragen, welche motorisch, etwa durch einen kleinen Elektromotor, angetrieben wird. Diese kann z. B. aus einer Scheibe von zum Teil leitenden, zum Teil isolierenden Segmenten bestehen, an deren Umfang zwei Kontaktfedern schleifen; die eine von diesen ist mit einem Pol des Apparates verbunden, die andere steht in Verbindung mit der Fortsetzung dieser Leitung zum Patienten. Wenn beide Federn gleichzeitig ein leitendes Segment berühren ist der Stromweg vom Apparat zum Patienten geschlossen; verläßt beim Weiterdrehen eine Feder dieses Segment, so wird der Strom unterbrochen.

Die plötzliche Schließung und Unterbrechung des niederfrequenten Reizstromes wird heute nur noch selten angewandt. An ihre Stelle ist die langsame, durch Ruhepausen von völliger Stromlosigkeit unterbrochene Stromschwellung getreten. Es dient hierzu eine mechanisch oder elektrisch angetriebene, rotierende Einrichtung, welche die Stromstärke sanft auf einen eingestellten Höchstwert ansteigen läßt und wieder langsam auf Null zurückbringt. Sie besteht im Prinzip aus einem sich im Schwellungsrhythmus ändernden Widerstand. Liegt dieser in Reihe mit dem Behandlungsobjekt, so ist die Stromstärke am größten, wenn er ausgeschaltet ist, dagegen am kleinsten, praktisch Null, wenn der Höchstwert des Widerstandes abgegriffen wird. Der Widerstand kann auch in Potentiometerschaltung parallel zum Behandlungsobjekt gelegt werden. In diesem Falle ändert sich die abgenommene Spannung periodisch zwischen Null und einem Höchstwert.

Bei mechanischem Antrieb wird die Schwellungseinrichtung durch die Kraft eines kleinen Federwerkes in Bewegung gesetzt, bei elektrischem dient ein kleiner Elektromotor dem gleichen Zweck. Ein Federwerk muß immer wieder aufgezogen werden, wenn es nicht passieren soll, daß der Schwellmechanismus auch einmal während der Behandlung

aussetzt und infolgedessen ein erschöpfender und schädlicher Dauertetanus auftritt. Dieser Nachteil wird bei einem elektrischen Antrieb
vermieden. Die von Batterien gespeisten Schwellstromapparate besitzen
ein Federwerk, wogegen die meisten vom Netz betriebenen Geräte auch
die Schwellungen elektromotorisch erzeugen.

Durch eine Bremsvorrichtung kann die Umlaufgeschwindigkeit des
Schwellwerkes innerhalb gewisser Grenzen geändert und damit der
Rhythmus der Schwellungen beschleunigt oder verlangsamt werden.
Wenn das Tempo der Schwellungen von vornherein richtig, d. h. vor
allem langsam genug eingestellt ist, kann im Interesse einer einfachen
Bedienung des Apparates auf diese Variationsmöglichkeit auch ver-
zichtet werden.

Der erste Schwellstromapparat wurde im Jahre 1895 von
Bergonié gebaut. Der in Reihe mit dem Patienten geschaltete Schwel-
lungswiderstand bestand aus einer Flüssigkeitssäule, deren wirksame
Länge durch einen elektrisch angetriebenen, hin- und hergehenden
Kolben rhythmisch geändert wurde. Nach dem gleichen Prinzip arbeitete
auch der von Kowarschik angegebene Undulator, nur daß bei
diesem an Stelle der Flüssigkeitssäule ein Drahtwiderstand benutzt
wurde. Schwelleinrichtungen dieser Art waren geeignet, an vorhandene
faradische Apparate angeschlossen zu werden, um aus einem konstanten
faradischen Strom einen faradischen Schwellstrom zu erzeugen. Später
ging man dazu über, Schwellstromapparate herzustellen, in welchen der
faradische Apparat schon mit dem Schwellungsmechanismus vereinigt
war. Von diesen wäre der von Becker angegebene Myomotor zu
nennen, welcher neben faradischen auch galvanischen und Leduc schen
Schwellstrom lieferte, jedoch zu kompliziert war, um weitere Verbreitung
zu finden. Einen Rückschritt in der Entwicklung der Schwellstromapparate stellte — wie Kowarschik überzeugend nachwies[1] — der Toni-
sator von Ebel dar. Bei diesem Apparat war der veränderliche
Schwellwiderstand in den Primärkreis des Induktoriums geschaltet, ein
Konstruktionsfehler, der zur Folge hatte, daß sich die Frequenz des
faradischen Stromes während der Schwellung ändert — anstatt konstant
zu bleiben, wie es Theorie und therapeutische Praxis fordern. Dieser
Übelstand ist bei dem Gymnostat der Siemens-Reiniger-Werke,
einem kleinen faradischen Batterieapparat mit Federwerkantrieb des
Schwellmechanismus, vermieden. Einen tragbaren Schwellstromapparat für Netzanschluß mit elektrischem Antrieb des Schwellwerkes erzeugt die Firma Schulmeister, Wien. Dieser besitzt den
Vorzug, an Stelle des faradischen Stromes den neuen Thyratronstrom

---

[1] Kowarschik, J.: Die Behandlung von Muskellähmungen und Muskelschwächen durch elektrische Gymnastik. Münch. med. Wschr. **1937**, Nr. 15.

zu liefern. Auf den Elektropanapparat der gleichen Firma werden
wir nach der Besprechung des rhythmisch unterbrochenen galvanischen
Stromes noch zurückkommen. —

Eine Übungsbehandlung ist bei den schwersten Formen der schlaffen
Lähmung nur mit Gleichstromstößen von langer Flußzeit und großer
Pausendauer möglich. Solche werden heute noch überwiegend durch
manuelle Unterbrechung von konstan-
tem galvanischen Strom mittels der
Unterbrecherelektrode erzeugt. Diese
Methode hat die auch schon früher erwähnten Nachteile. Einerseits ist es
für den Behandelnden äußerst mühe-
voll und zeitraubend, mit der kleinen,
an dem Unterbrechergriff befestigten
Knopfelektrode die gelähmten Muskeln
und Muskelbündel einzeln zu reizen,
und andererseits bedingt der dauernde
Wechsel der Reizstelle und die Unregelmäßigkeit der Unterbrechungsintervalle
für den Kranken eine starke Erhöhung
des Stromempfindens. Wir werden daher der automatischen Erzeugung
des rhythmisch unterbrochenen
oder zerhackten galvanischen
Stromes den Vorzug geben. Sie erfolgt am besten und zuverlässigsten mit
der bereits genannten rotierenden Un-
terbrechervorrichtung, die von einem
kleinen Elektromotor in Bewegung gehalten wird. Die Dauer der Stromschlie-

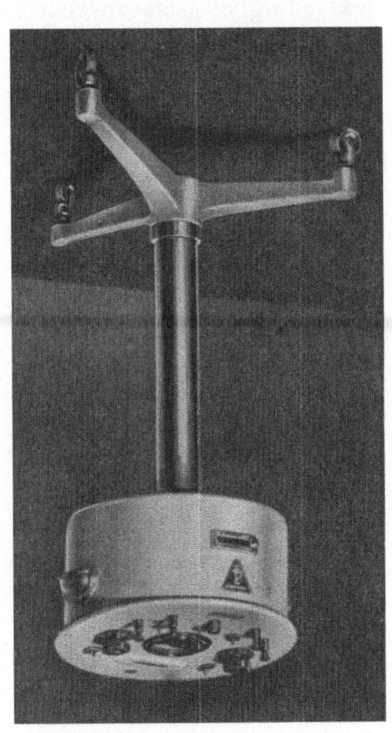

Abb. 17.   Elektropan.
(L. Schulmeister, Wien.)

ßung soll etwa 100 σ betragen, damit auch die am schwersten degene-
rierten Muskeln zur Kontraktion gebracht werden. Ebenso wichtig ist
es, zwischen den einzelnen Stromstößen lange Pausen einzuschalten, um
den an sich besonders schonungsbedürftigen Muskeln Zeit zur Erholung
und Entspannung zu geben. Sie sollen möglichst nicht unter 2 Sekunden
liegen. Es ist hier unter Umständen von Vorteil, wenn das Tempo der
Unterbrechungen variiert und dadurch dem Zustand der gelähmten
Muskeln angepaßt werden kann.

Den rhythmisch unterbrochenen galvanischen Strom liefert, zusammen mit anderen Stromarten, der schon mehrmals erwähnte Elektropan nach KOWARSCHIK, welcher in seiner neuesten Ausführung,

der Type II, wohl das derzeit am höchsten entwickelte Gerät für die elektrische Lähmungsbehandlung ist (Abb. 17). Dieser Netzanschlußapparat erzeugt außerdem den neuen Thyratronstrom in schwellender Form sowie den in der Lähmungsbehandlung gleichfalls viel verwendeten konstanten galvanischen Strom. Das Schwellwerk wird von einem Elektromotor angetrieben. Der Elektropan liefert auch faradischen und galvano-faradischen Strom. Der faradische Strom ist ausschließlich für elektrodiagnostische Zwecke vorgesehen, da für die Schwellstromtherapie der weitaus wirksamere Thyratronstrom anzuwenden ist.

I. Die Untersuchung.

Das Ziel der Untersuchung besteht in Hinblick auf die elektrische Behandlung darin, Ursache, Art, Ausdehnung und Grad der Lähmung festzustellen. Auf Grund dieser Kenntnisse kann die Wahl des Behandlungsstromes und der Behandlungsdauer sowie die Anordnung der Elektroden getroffen werden. Darüber hinaus gibt die Untersuchung Auskunft über die Aussichten und die voraussichtliche Dauer einer Heilung.

Die Untersuchung zerfällt in eine klinische, die aus der Inspektion und der Funktionsprüfung besteht, und eine elektrische, bei der zumeist nach der klassischen Methode, d. h. mit faradischen und galvanischen Reizen gearbeitet wird, statt dieser aber auch bisweilen die Chronaxiewerte gemessen werden.

Von grundsätzlicher Bedeutung für die elektrische Übungstherapie ist die Unterscheidung zwischen der schlaffen Lähmung und der spastischen oder Krampflähmung. Bei der schlaffen Lähmung liegt die Schädigung im Bereich des peripheren motorischen Neurons. Sie kann sowohl auf einer Erkrankung der Vorderhornzellen des Rückenmarkes beruhen — wie bei der Poliomyelitis —, als auch durch eine Erkrankung oder Verletzung der vorderen Wurzeln oder der peripheren motorischen Nerven verursacht werden. Zu einer spastischen Lähmung kommt es bei einer Erkrankung oder Verletzung des zentralen motorischen Neurons, welches von der Hirnrinde ausgehend über die Pyramidenbahn bis zum Vorderhorn reicht. Meist liegt der Sitz der Erkrankung in der inneren Kapsel.

A. Die klinische Untersuchung.

1. Die Inspektion.

Zur Inspektion zählen wir die Beobachtung der Atrophie und typischer Gelenkstellungen. Gleichzeitig damit werden auch Tonus und Reflexe der gelähmten Muskeln beobachtet.

Da bei der schlaffen Lähmung die Verbindung der gelähmten Muskelfasern mit ihrem Ernährungszentrum gestört ist, degenerieren diese, wodurch es zu einer besonders ausgeprägten Atrophie, der degene-

rativen Atrophie, kommt. Diese kann bei einer längeren Dauer der Erkrankung zu einem vollständigen Schwund der Muskelfasern führen. —
Die gelähmten Muskeln sind deutlich hypotonisch und fühlen sich weich
und schlaff an. Diese Hypotonie führt häufig zu einer Überdehnung der
Muskeln, die zum Teil auf das Gewicht der nichtfixierten Gliedmaßen,
zum Teil auf die Gegenspannung der nichtgelähmten Antagonisten zu-
rückzuführen ist. Dadurch bilden sich auffallende Gelenkstellungen
aus, die oft unmittelbar den Sitz der Störung erkennen lassen. So weist
z. B. die „Fallhand", wie sie bei einer Lähmung der Extensoren des
Vorderarmes auftritt, auf eine Störung im Bereiche des Nervus radialis
hin; die „Klauenhand", bei der die Fingerendgelenke gebeugt, die Grund-
gelenke gestreckt sind, ist kennzeichnend für eine Ulnarislähmung; die
„Affenhand", bei welcher der Daumen in der Ebene der anderen Finger
liegt und der Daumenballen deutlich atrophisch ist, läßt auf eine Schädigung des N. medianus schließen; aus der „Spitzfuß"-Stellung folgt
eine Peronaeus- und Tibialislähmung usf. — Die Sehnenreflexe sind bei
der schlaffen Lähmung meist vermindert oder ganz aufgehoben.

Bei der spastischen Lähmung ist die Atrophie weit weniger auffallend als bei der schlaffen, da es sich hier nicht um eine degenerative,
sondern um eine einfache Atrophie handelt. Um sie festzustellen, ist es
nicht selten notwendig, einen genauen, allenfalls durch Messung unter-
stützten Vergleich mit den entsprechenden Muskeln auf der gesunden
Seite zu ziehen. Dabei ist zu bedenken, daß auch im normalen kleine
Unterschiede auftreten können und daher nicht jede Abweichung auf
eine Atrophie zurückgeht. — Bei der spastischen Lähmung ist die Unbeweglichkeit vorwiegend durch Muskelspasmen bedingt. Die Hyper-
tonie ist meist für die Synergisten und die Antagonisten der behinderten
Gelenksbewegung verschieden groß, so daß die eine Gruppe das funktionelle Übergewicht' erhält und spastisch kontrahiert erscheint. Dadurch
kommen oft die für die Krampflähmung typischen Gelenkstellungen zustande. Einen ganzen Komplex dieser finden wir bei der häufigsten Form
der spastischen Lähmung, der Hemiplegie, bei welcher an der oberen
Extremität die Spasmen der Beuger und der Adduktoren, an der unteren
die der Strecker überwiegen. — Ein weiteres Kennzeichen für die zentrale
Lähmung ist die Steigerung der Sehnenreflexe, die bis zum Klonus
führen kann sowie das Auftreten der sog. Pyramidenzeichen.

2. Die Funktionsprüfung.

Während die Inspektion vor allem über den Sitz der Lähmung und
damit darüber orientiert, ob die Lähmung schlaff oder spastisch ist,
vermittelt die Funktionsprüfung die Kenntnis darüber, welche Muskeln betroffen sind und welchen Grad die Lähmung besitzt.
Je genauer und sorgfältiger die Untersuchung durchgeführt wird, um-

so exakter kann die Stromwirkung durch geeignete Anordnung der Elektroden auf die gelähmten Muskeln konzentriert werden.

Wo dies möglich ist, wird man zuerst **kombinierte Bewegungen** beobachten, die durch eine **komplexe Muskelbetätigung** zustande kommen, um das Störungsgebiet abzugrenzen. Die Körperhaltung beim Stehen oder Sitzen, das Gehen, das Aufstehen aus dem Sitzen, das Aufrichten aus dem Liegen u. a. m. ergeben hierüber wertvolle Aufschlüsse. Daran schließt sich eine genaue Prüfung der einzelnen Muskelfunktionen. Aus dem Ausfall oder der Einschränkung der verschiedenen Gelenksbewegungen folgen die hierfür verantwortlichen Muskeln und Muskelgruppen sowie die Schwere ihrer Lähmung bzw. der Grad der Parese. Wir werden darauf im einzelnen noch im letzten Kapitel zurückkommen.

Man tut gut, mit der Funktionsprüfung **systematisch von Gelenk zu Gelenk** fortzuschreiten. Für das Handgelenk wird die Dorsal- und Volarflexion geprüft, für das Ellbogengelenk die Beugung, Streckung, Pronation und Supination usf. Eine vollkommene Lähmung liegt vor, wenn auch nicht der geringste Kontraktionseffekt ausgelöst werden kann. Ist die Lähmung nicht ganz so schwer, so kann, trotz die Muskelkraft noch nicht zu einer Bewegung ausreicht, oft ein Vorspringen der Sehnen als erster Erfolg einer willensmäßigen Anstrengung gesehen oder getastet werden. Besonders an den Sehnen der Mm. flexor carpi radialis, flexor carpi ulnaris, tibialis anterior, peronaeus usw. kann dies häufig beobachtet werden. Um festzustellen, ob die Muskelkraft schon für eine leichte Bewegung ausreicht, muß das Gelenk so gelagert werden, daß die Gegenwirkung der Schwerkraft und anderer Widerstände möglichst ausgeschaltet bleibt. Wenn bloß eine Muskelschwäche vorliegt und die Kraft wohl zu einer Bewegung im freien Gelenk, nicht aber zur Überwindung stärkerer Gegenkräfte genügt, läßt sich leicht dadurch ein Bild von dem Grad der Parese gewinnen, daß der Bewegung Widerstand entgegengesetzt wird. Es ist hierbei von Nutzen, wenn möglich den Vergleich mit der Muskelkraft auf der gesunden Seite zu ziehen.

Es empfiehlt sich, die Ergebnisse dieser Untersuchungen genau zu verzeichnen, am besten, sie in ein Schema einzutragen. Dies ist auch im Hinblick auf eine Kontrolle des Heilungsverlaufes von Wert.

B. Die elektrische Untersuchung.

In der Elektrodiagnostik werden die motorischen Nerven und Muskeln elektrisch gereizt, für die verschiedenen Stromarten diejenige Dosis bestimmt, welche zur Auslösung einer Minimalzuckung erforderlich ist, und der zeitliche Verlauf der Muskelkontraktion registriert. Die Abweichungen von der normalen Reaktionsweise ergeben wichtige Aufschlüsse über den Sitz und Grad der Erkrankung, die Art der Lähmung sowie den voraussichtlichen Verlauf des Heilungsprozesses.

Die Reizung der motorischen Nerven wird so vorgenommen, daß der Strom über eine kleine Elektrode den motorischen Punkten zugeführt wird. Von diesen unterscheiden wir bekanntlich die indirekten, unter welchen die einzelnen Nervenstämme der Hautoberfläche am nächsten liegen, und die direkten Reizpunkte, die sich über den Eintrittsstellen der Nerven in die Muskeln befinden. Die letzteren entsprechen topographisch den geometrischen Mittelpunkten der Muskeln, die für die Extremitätenmuskeln meist an der Grenze zwischen dem proximalen und mittleren Drittel liegt.

Die verschiedenen Methoden der elektrischen Untersuchung unterscheiden sich im wesentlichen durch die zur Reizung verwendeten Stromarten. In Deutschland wird vorwiegend nach der klassischen Methode, d. h. mit faradischen und galvanischen Stromstößen gearbeitet, während in Frankreich auch die Chronaxiemessung sehr in Gebrauch steht.

1. Die klassische Methode.

Bei dieser wird zuerst der faradische Strom und anschließend daran der galvanische Strom in Form von rechteckigen Stromstößen zur Kontraktionserregung benutzt. Die Reizung erfolgt für beide Stromarten sowohl von den direkten als auch von den indirekten motorischen Punkten aus.

Die Stromstärken werden so dosiert, daß die Reizschwelle erreicht wird, der Muskel also mit einer eben noch sichtbaren Zuckung reagiert. Die Größe dieser Dosis im Vergleich zu jener, die im normalen erforderlich ist, ergibt ein quantitatives Maß für die Änderung der Erregbarkeit.

Eine Abnahme der Erregbarkeit der motorischen Nerven tritt zuerst und am deutlichsten für den faradischen Strom hervor. Dies liegt an der kurzen Flußzeit und der raschen Aufeinanderfolge der faradischen Stromstöße. Wenn die faradische Erregbarkeit so sehr herabgesetzt ist, daß die zulässige Belastungsgrenze oder Schmerzgrenze der sensiblen Hautnerven früher, d. h. bei einer geringeren Stromstärke erreicht wird als die Reizschwelle der motorischen Nerven, so bezeichnen wir die faradische Erregbarkeit als erloschen.

Während der Muskel auf die faradische Reizung mit einer tetaniformen Kontraktion reagiert, antwortet er auf den galvanischen Stromstoß mit einer Einzelzuckung. Solange der motorische Nerv noch elektrisch erregbar ist, wird diese Einzelzuckung durch die Nervenerregung, also auf dem Wege der physiologischen Reizleitung ausgelöst, die Zuckung setzt plötzlich, blitzartig mit der galvanischen Stromschwankung ein.

Die Zuckungsfolge entspricht dem polaren Zuckungsgesetz. Nach diesem tritt die Zuckung bekanntlich zuerst, d. h. bei der kleinsten Stromstärke, auf, wenn die Kathode zur Reizung verwendet und der Strom geschlossen wird (Kathoden-Schließungs-Zuckung = KSZ). Um bei der Stromschließung an der Anode eine Zuckung auszulösen, ist bereits eine höhere Stromstärke notwendig (Anoden-Schließungs-Zuckung = ASZ). Eine weitere, meist nur geringe Erhöhung der Stromstärke führt zu einer Kontraktion, wenn die Reizung durch die Anode erfolgt und der Strom geöffnet wird (Anoden-Öffnungs-Zuckung = AÖZ). Die relativ größte Stromstärke wird benötigt, wenn bei Öffnung des Stromes an der Kathode ein Reizeffekt erzielt werden soll (Kathoden-Öffnungs-Zuckung = KÖZ).

Bei einer Schädigung im Bereiche des peripheren motorischen Neurons degenerieren bekanntlich die von ihrem Ernährungszentrum abgeschnittenen Nerven und Muskelfasern. Dies führt zunächst zu einer Herabsetzung der Nervenerregbarkeit für faradische und galvanische Reize und schließlich zu einem völligen Erlöschen derselben. Eine Zuckung kann in diesem Falle nur noch durch galvanische Reizung der Muskelfasern direkt ausgelöst werden. Der Muskel reagiert auf eine solche ganz unphysiologische, ohne Vermittlung seines Nerven bewirkte Erregung mit einer trägen, wurmförmigen Kontraktion. Außerdem finden wir nicht selten eine Abweichung von der normalen Zuckungsfolge (KSZ > ASZ > AÖZ > KÖZ), eine sog. „Umkehr"; besonders häufig tritt die Anodenschließungszuckung bei gleicher oder kleinerer Stromstärke ein als die Kathodenschließungszuckung.

Das Erlöschen der galvanischen und faradischen Nervenerregbarkeit, die träge Zuckung des galvanisch direkt gereizten Muskels und die Umkehr der Zuckungsfolge bilden den Symptomkomplex der totalen Entartung. Die partielle Entartungsreaktion unterscheidet sich von der totalen nur insofern, als die Nervenerregbarkeit nicht völlig erloschen, sondern nur herabgesetzt ist. Sie bedeutet, daß die Degeneration sich nicht in dem gleich starken Maße auf alle Fasern des Nerven erstreckt und kein vollständiger Verlust der Reizleitung eingetreten ist, bzw. daß neben völlig entarteten auch weniger geschädigte Nervenfasern vorhanden sind.

Die Entartungsreaktion ist ein sicheres Kennzeichen dafür, daß die Ursache der Lähmung im peripheren motorischen Neuron liegt. Sie schließt mit Sicherheit eine zentrale oder funktionelle Lähmung aus. Das Fehlen einer Entartungsreaktion besagt aber nicht, daß keine Schädigung des peripheren motorischen Neurons vorliegt, denn die Entartungssymptome können durch die normale Reaktion von gesund verbliebenen Nervenfasern verdeckt werden.

Es besteht nicht immer Übereinstimmung zwischen dem Verhalten des motorischen Nerven gegenüber Willensimpulsen und solchen elektrischer Natur. Besonders knapp nach einer Schädigung der peripheren motorischen Nerven kann die Reaktion auf elektrische Reize noch unverändert sein, während der Muskel willensmäßig nicht mehr kontrahiert werden kann. Aus diesem Grunde soll die elektrische Untersuchung erst eine bis zwei Wochen nach der Verletzung angestellt werden. Umgekehrt dauern im Stadium der Regeneration die Symptome der Entartung oft noch über die Wiederherstellung der Muskelfunktion hinaus an.

Abgesehen von diesen zeitlichen Verschiebungen besteht für das stationäre Stadium der Erkrankung allgemein die Tendenz zu einem Gleichlauf zwischen dem Zustand des motorischen Systems, wie er in der Willkürbetätigung zum Ausdruck kommt, und dem Symptomkomplex der Entartungsreaktion. Darauf beruht auch die Tatsache, daß die elektrische Nervenprüfung nicht nur über Sitz und Grad der Lähmung Aufschluß gibt, sondern auch prognostische Bedeutung besitzt. In diesem Sinne kann die Heilung einer schlaffen Lähmung, bei der keine Entartungszeichen vorliegen, als sicher und innerhalb einer relativ kurzen Zeit vorausgesagt werden, wogegen bei totaler Entartungsreaktion die Heilungsaussichten wesentlich vorsichtiger eingeschätzt werden müssen und die Heilungsdauer viele Monate betragen kann.

2. Die Chronaxiemessung.

Wir haben gesehen, daß die Reizwirkung eines Stromstoßes außer von der Stromstärke auch von der Flußdauer abhängig ist. Die Muskelzuckung verschwindet, wenn die Flußzeit den der wirksamen Stromstärke zugehörigen Mindestwert, die Zeitschwelle, unterschreitet. Im Stromzeitdiagramm wird die Abhängigkeit der Zeitschwellwerte von der Stromstärke durch eine hyperbelähnliche Kurve dargestellt (Abb. 7), deren Verlauf für alle Nerven annähernd der gleiche ist. Zwar weichen die absoluten Beträge für die Strom- und Zeitschwellen der verschiedenen Nerven und Nervengruppen voneinander ab, doch sind sie für dieselben Nerven bei allen Menschen annähernd gleich groß, also physiologische Konstanten.

Bei einer Beeinträchtigung der Reizleitfähigkeit durch eine Schädigung des peripheren motorischen Neurons sinkt die Erregbarkeit; wir müssen die Stromstärke steigern, um eine Muskelzuckung hervorzubringen. Die Größe dieser Steigerung ist ein Maß für die quantitative Erregbarkeitsabnahme, welches wir bei der klassischen Untersuchungsmethode registrieren. — Ein kurzzeitiger Stromstoß kann aber nicht nur durch die Erhöhung seiner Intensität, sondern auch durch die Steigerung seiner Flußzeit zu einem überschwelligen Reiz gemacht werden. Je mehr die Reizleitung durch eine degenerative Entartung der Nervenfasern gelitten hat, um so höher liegt die Zeitschwelle der motorischen Wirksamkeit eines Stromstoßes. Die Größe dieser Mindestflußzeit ist ein Maß für den Grad der peripheren Störung. Auf dieser Erkenntnis beruht die diagnostische Bedeutung der Chronaxiemessung.

Eine Schwierigkeit liegt noch darin, daß die Zeitschwelle von der an den gereizten Zellen wirksamen Stromstärke abhängt. Diese bildet einen nicht meßbaren Anteil des insgesamt zugeführten Stromes, welcher von der Größe, der Lage und dem Druck der Elektroden sowie den Widerstandsverhältnissen des Gewebes abhängt. Ein Ausweg ist durch die Rheobase gegeben, unter welcher wir bekanntlich jene Stromstärke verstehen, mit welcher ein Stromstoß von beliebig langer Dauer mindestens auf den Nerv einwirken muß, um eine Minimalzuckung auszulösen. Wenn wir die absolute Größe der Rheobase auch nicht messen können, so erkennen wir doch aus der Minimalzuckung, daß sie an dem motorischen Nerv tatsächlich erreicht wurde. Wir wissen damit auch, daß wir uns im untersten Bereich der Reizschwellenkurve befinden. Durch zeitliche Verkürzung des genannten Stromstoßes bis zum Verschwinden der Muskelzuckung könnte also ein charakteristischer Zeitwert, die Hauptnutzzeit, festgestellt und gemessen werden.

Für praktische Zwecke ist eine ausreichend genaue Messung der Hauptnutzzeit wegen des flachen Verlaufes der Kurve in ihrem unteren Teil zu umständlich. Um in den steilen Kurvenbereich zu kommen, wählt man den doppelten Wert der Rheobase als jene Stromstärke, für welche die Zeitschwelle bestimmt werden soll. Wenn wir voraussetzen, daß der relative Anteil der wirksamen Stromstärke an dem insgesamt zugeführten Strom konstant bleibt, braucht zu diesem Zweck nur die Intensität des zugeführten Stromes verdoppelt werden. Eine Verkürzung der Flußzeit bis knapp vor das Erlöschen der Zuckung führt wieder auf die Zeitschwelle, die für einen Stromstoß von der doppelten Stärke der Rheobase nach Lapicque als „Chronaxie" bezeichnet wird.

Bourguignon hat auf Grund umfassender Forschungen die Normalwerte für die Chronaxie festgestellt. Bei der schlaffen Lähmung infolge einer Verletzung oder Erkrankung des peripheren motorischen Neurons steigen die Chronaxiewerte stark an. Eine besonders starke Erhöhung finden wir dann, wenn die Muskelzuckung träge verläuft. Aus der Abweichung der gemessenen von den normalen Werten kann auf den Grad der Schädigung sowie auf die Heilungsaussichten geschlossen werden.

3. Die Technik der elektrischen Untersuchung.

Wir wollen uns hier auf einige Hinweise über die praktische Ausführung der klassischen Methode beschränken.

Als Instrumentarium benötigen wir einen Apparat, der galvanischen und faradischen Strom liefert, ferner eine kleine, runde, mit Stoff überzogene Reizelektrode von etwa 3 cm² Fläche, eine 200 bis 300 cm² große Plattenelektrode samt Stoffzwischenlage als inaktive Elektrode, einen Unterbrechergriff sowie die Anschlußkabel samt Klemmen und Kabelschuhen.

Für die Durchführung der Elektrodiagnostik ist die genaue Kenntnis der Lage der motorischen Reizpunkte Voraussetzung. Zur Orientierung über diese ist Abb. 28 heranzuziehen.

Die inaktive Elektrode wird gewöhnlich an eine muskelarme Stelle, wie Kreuz, Nacken oder Sternum aufgelegt. Zwischen Elektrode und Hautoberfläche ist eine gut durchfeuchtete Stoffunterlage zu bringen.

Die Reizelektrode wird mit leichtem Druck auf den motorischen Punkt aufgesetzt und der Strom mit dem Fingerkontakt des Unterbrechergriffes abwechselnd geschlossen und unterbrochen. Um die Muskelzuckung möglichst deutlich zu machen und sie gut beobachten zu können, muß der Patient so gelagert werden, daß der zu reizende Muskel völlig entspannt ist und die betreffenden Partien gut beleuchtet sind.

Man beginne die Untersuchung mit dem faradischen Strom und reize, wenn möglich, zuerst an dem entsprechenden Punkt auf der gesunden Seite, um einen Vergleichswert zu erhalten und die Lage der reizbarsten Stelle leichter finden zu können. Die Stromstärke ist so hoch zu wählen, daß eine deutliche Kontraktion zustande kommt und dann bis zur Minimalzuckung zu erniedrigen. Durch kleine Verschiebungen der Elektrode überzeuge man sich, daß tatsächlich von der erregbarsten Stelle aus gereizt wurde. Die endgültig der Minimalzuckung zugeordnete Einstellung des Rollenabstandes oder des Intensitätsreglers wird vermerkt.

Zum Unterschied von dem galvanischen Strom gibt es für den faradischen Strom kein medizinisch brauchbares Instrument zur Messung der Stromstärke. Man behilft sich daher hier mit der Ablesung des Rollenabstandes oder der Einstellung des Reglergriffes. Durch sie wird die Spannung an den freien Apparateklemmen festgelegt. Da die Spannung mit der Stromstärke durch den Widerstand verknüpft ist, können die abgelesenen Werte auch ein relatives Maß für die Stromstärke abgeben. Unter der Voraussetzung, daß die Elektrodengröße und -anordnung beibehalten wird, kann eine Änderung der Erregbarkeit aus einer geänderten Apparateinstellung geschlossen werden. Dies ist jedoch nur dann der Fall, wenn, bei sonst gleichen Verhältnissen, einer bestimmten Reglerstellung stets dieselbe Klemmenspannung zugeordnet ist. In praxi ist diese Zuordnung aber nicht konstant, sondern ändert sich im Laufe der Zeit durch die Erschöpfung der Batterie, die veränderte Arbeitsweise des faradischen Hammers, eine Emissionsänderung der Elektronenröhre u. ä. m. Damit leidet aber der Vergleichswert jener Messungen, die zur Kontrolle des Heilungsverlaufes nach Wochen und Monaten wiederholt werden.

Die genannten Fehlerquellen treten nicht auf, wenn die Stromstärke im Primärkreis geregelt und auch gemessen wird. Die angezeigten Mittelwerte geben in diesem Falle ein unveränderliches Relativmaß für die Intensität des faradischen Stromes. Eine Meßeinrichtung dieser Art besitzt der schon genannte elektrotherapeutische Universalapparat „Elektropan".

Im Anschluß an die faradische Reizung werden bei unveränderter Lage der Reizelektrode die galvanischen Stromstöße zugeführt. Es wird mit der Kathode gereizt. Die Stromstärke, welche zur Minimalzuckung führt, wird notiert.

Der gleiche Vorgang wird bei der Reizung auf der gelähmten Seite beobachtet. Bei der galvanischen Reizung ist hier vor allem auf den Verlauf der Zuckung zu achten und einzutragen, ob diese blitzartig oder träge erfolgt. Die Reizung geschieht auch hier zuerst mit der Kathode, wobei der Strom auf den für die Minimalzuckung erforderlichen Kleinstwert gebracht wird. Dann wendet man die Stromrichtung, um zu prüfen, ob etwa bei der Reizung mit der Anode die Stromstärke noch weiter vermindert werden kann. Bejahendenfalls wird auch diese „Umkehr" als ein weiteres Symptom der Entartung mit der Angabe der zugehörigen Stromstärke in das Untersuchungsprotokoll eingetragen.

II. Die Behandlung.

A. Allgemeines.

1. Die Lagerung und Vorbereitung des Kranken.

Der Kranke soll mit Rücksicht darauf, daß die Behandlung eine halbe Stunde und länger dauern kann, möglichst bequem gelagert werden. Wir werden daher im allgemeinen die liegende Stellung vorziehen. Bei der Lagerung ist außer auf den Zustand des Patienten auch auf die Anordnung der Elektroden Bedacht zu nehmen. Es empfiehlt sich, den Patienten so zu legen, daß er eine oder mehrere Elektroden mit seinem Körpergewicht belastet oder daß die Elektroden durch eine zusätzliche Belastung, etwa durch Sandsäcke, nieder gehalten werden können, um sich eine besondere Fixierung der Elektroden durch Anbinden zu ersparen.

Die Gelenke, auf welche die elektrisch ausgelöste Muskelkraft einwirkt, sind in eine leicht gebeugte Stellung zu bringen. Dies hat den Zweck, der Muskelkraft den für die Gelenkbewegung notwendigen Hebelarm zu schaffen. Da die Muskelarbeit zu einer möglichst deutlichen Bewegung führen oder sich wenigstens in einem dem Kranken fühlbaren Bewegungsansatz auswirken soll, müssen die Gegenkräfte, welche die Bewegung hemmen könnten, möglichst ausgeschaltet werden. Eine solche Gegenkraft ist allein schon durch die Schwere der Gliedmaßen gegeben. Ihr Einfluß auf das Gelenk kann durch eine entsprechende Lagerung weitgehend vermindert werden.

Nach der Fixierung der Elektroden kann der Strom eingeschaltet werden. Dies soll ganz langsam und stetig geschehen, um jedwede Schockwirkung zu vermeiden und eine Gewöhnung vor allem der sensiblen Nerven an den Reiz zu erleichtern. Es ist so hoch zu dosieren, daß der Strom noch gut vertragen wird. Die Kontraktionen werden um so kräftiger sein, je größer für ein gegebenes Stromgefühl die motorische Reizwirkung ist. Bei einem guten, motorisch kräftig wirkenden Strom wird das Stromgefühl von dem Kontraktionsgefühl weitgehend überdeckt, und zwar um so mehr, je länger der Strom einwirkt. Die Stromstärke kann daher fast immer nach wenigen Minuten erhöht werden. Man unterlasse nicht, dies zu tun, da der Behandlungserfolg mit dem Ausmaß der Muskelarbeit ansteigt. Einsichtige Patienten, denen man dies verständlich machen konnte, verlangen meist von selbst eine Erhöhung der Stromdosis.

Dem Patienten ist zu Beginn der Behandlung aufzutragen, seine Muskeln vollständig zu entspannen und sich zunächst ganz passiv zu verhalten. Dies ermöglicht uns, den Effekt der elektrischen Reizung rein für sich, also nicht überdeckt von den Willkürbewegungen nichtgelähmter oder nur parétischer Muskeln zu beobachten. Etwaige Mängel in der Anordnung, Polarität oder Größe der Elektroden können so leicht gefunden und behoben werden. Erst wenn die Stromwirkung als richtig und zweckentsprechend befunden wurde, soll der Kranke seine Muskeln im Sinne und Rhythmus der von ihm beobachteten Bewegungen anstrengen, gleichgültig ob diese Bemühungen für sich allein Erfolg haben oder nicht. Wie bereits ausgeführt wurde, bezwecken wir damit außer einer Muskelkräftigung auch eine Bahnung für die Erregungswellen in den motorischen und tiefensensiblen Nerven. Wenn aber keine funktionelle Lähmung vorliegt und es nur darum geht, die Muskeln zu kräftigen, können wir auf eine Bewegung auch verzichten und uns mit einer statischen Kraftleistung des Muskels begnügen. An die Stelle einer mehr isotonischen Kontraktion tritt in diesem Falle eine vorwiegend isometrische, bei welcher die Länge der Muskelfasern gleich bleibt und nur ihre Spannung zunimmt. Eine Hemmung der Bewegung kann durch zusätzliche Widerstände, etwa durch die Belastung mit Sandsäcken, bewirkt werden.

Eine Ermüdung soll weder während noch nach der Behandlung eintreten, dagegen sind die Muskelschmerzen, welche einige Zeit nach jeder kräftigen und ungewohnten Muskelarbeit einsetzen, ganz unbedenklich. Wenn die später gegebenen Hinweise über die Behandlungsdauer beachtet werden, ist eine Übermüdung oder Erschöpfung der gelähmten Muskeln nicht zu befürchten. Auf jeden Fall soll dem Patienten eingeschärft werden, ein Ermüdungsgefühl sofort zu melden, damit die Behandlung rechtzeitig unterbrochen werden kann.

2. Die Wahl der Stromart.

Wir unterscheiden zwei, ihrem Wesen nach grundsätzlich verschiedene Stromarten: Den an- und abschwellenden niederfrequenten Reizstrom oder Schwellstrom und die langsam aufeinanderfolgenden Impulse des rhythmisch unterbrochenen galvanischen Stromes.

Der Schwellstrom ruft durch eine Reizung der motorischen Nerven eine tetaniforme Kontraktion von einer zwischen Null und einem Höchstwert wechselnden Stärke hervor, welche weitgehend der physiologischen Kontraktionsform entspricht. Wie bei dem willkürlich betätigten Muskel geraten auch hier nicht alle Muskelelemente auf einmal in Erregung, sondern sind neben den tätigen Fasern stets auch ruhende vorhanden. Der an- und abschwellende Verlauf der aufeinanderfolgenden Reizimpulse bringt es mit sich, daß weniger geschädigte Fasern während eines längeren Zeitraumes in Aktion sind als solche, deren Reizfähigkeit stärker gelitten hat und die deshalb nur auf die höheren Stromstärken einer Schwellungsperiode ansprechen.

Der rhythmisch unterbrochene galvanische Strom löst Einzelzuckungen aus, die in sekundenlangen Intervallen aufeinanderfolgen; sie bestehen in einem ruckartigen Anspannen des Muskels, dem sofort die Entspannung folgt. Diese ganz unphysiologische Kontraktionsform ist wegen ihrer kurzen Dauer weit weniger wirksam und wegen ihres brüsken Ablaufes auch nicht so gut erträglich als die des Schwellstromes. — Nur einen Vorzug besitzt die langsame Folge von langdauernden Einzelstößen gegenüber der niederfrequenten Reizfolge, der bei den schwersten Störungen im Bereiche des peripheren motorischen Neurons voll zur Wirkung kommt: In diesen Fällen vermag allein sie den Muskel zu einer rhythmischen Kontraktionsarbeit zu zwingen. Dies gelingt auch noch bei Muskeln, deren Nerven durch degenerative Entartung unerregbar geworden sind; in diesem Falle kommt es bekanntlich durch eine direkte Reizung der Muskelfasern zu einer Kontraktion.

Wie aus dieser Gegenüberstellung der beiden Stromarten folgt, werden wir den rhythmisch unterbrochenen galvanischen Strom nur dort anwenden, wo der Schwellstrom keine Kontraktionen mehr auslöst. Dies ist vor allem überall dort der Fall, wo der Muskel auf den galvanischen Reiz mit einer trägen Zuckung antwortet, also eine Entartung der motorischen Nerven vorliegt.

Das Anwendungsgebiet des Schwellstromes variiert mit der verwertbaren Kontraktionskraft der geschwellten Stromart. Es ist am kleinsten für den faradischen Schwellstrom, am größten dagegen für den geschwellten Thyratronstrom[1]. Der faradische Schwellstrom

---

[1] KOWARSCHIK, J., u. H. NEMEC: Fortschritte in der elektrischen Lähmungstherapie. Münch. med. Wschr. **1941**, Nr. 10, 269.

reicht im allgemeinen vollkommen aus für die Behandlung von Muskelschwächen und meist auch für die von zentralen Lähmungen. Bei den schlaffen Lähmungen dagegen, wo die faradische Erregbarkeit meist stark herabgesetzt, wenn nicht gar ganz erloschen ist, verliert er rasch an Kontraktionskraft und damit an Wirksamkeit und wird schließlich völlig wirkungslos. Eine gewisse Verstärkung der Muskelreaktionen läßt sich bisweilen durch eine Überlagerung mit galvanischem Strom erzielen. — Mit dem Thyratronstrom von an- und abschwellendem Intensitätsverlauf sind wir, wie zahlreiche Vergleichsversuche erwiesen haben, imstande, rhythmische Kontraktionen auch dann zu erzeugen, wenn der faradische Strom nur schwach oder überhaupt nicht mehr wirkt. Wir ziehen ihn aber nicht nur bei herabgesetzter oder erloschener faradischer Erregbarkeit dem faradischen Schwellstrom vor, sondern auch dann, wenn die Reizfähigkeit der Nerven unverändert erhalten ist. Dies liegt gleichfalls daran, daß seine motorische Reizwirkung im Vergleich zur sensiblen größer ist als die des faradischen Stromes. Eine Reizstärke, die bei dem faradischen Strom bereits eine unangenehme, ja selbst schmerzhafte Erregung der Hautnerven erzeugt, wird bei der Anwendung des Thyratronstromes noch gut vertragen. Diese Feststellung kann von entscheidender Bedeutung sein, wenn empfindliche Patienten und vor allem Kinder zu behandeln sind, oder aber, wenn sehr große Stromstärken notwendig sind, da einer sichtbaren Muskelbewegung Widerstände entgegenstehen. Letztere sind bei den zentralen Lähmungen etwa durch die spastisch kontrahierten Antagonisten der behandelten Muskeln gegeben.

Neben dem Schwellstrom und dem rhythmisch unterbrochenen galvanischen Strom sei noch der konstante galvanische Strom erwähnt. Dieser gehört wohl nicht zu den Stromarten der Elektrogymnastik, nimmt aber wegen seiner bereits früher genannten Wirkungen eine wichtige Stellung in der elektrischen Lähmungsbehandlung ein. Wir werden ihn stets bei den schlaffen Lähmungen mit totaler oder partieller Entartungsreaktion verwenden, hierbei die Behandlung mit der konstanten Galvanisation einleiten und diese abwechselnd mit der elektrischen Übungstherapie fortsetzen.

Bei der schlaffen Lähmung bestehen nicht selten die verschiedensten Erregbarkeitsgrade nebeneinander. Neben Muskeln, deren Nerven die Leitfähigkeit und damit die Erregbarkeit vollständig eingebüßt haben, gibt es solche, bei welchen die Reizfähigkeit stark, andere, bei welchen sie weniger stark vermindert ist. Zwischendurch können Muskelbündel liegen, deren Nerven völlig intakt geblieben sind.

Vor allem die letztgenannten sind es, welche auf den faradischen Schwellstrom ansprechen und dadurch eine Stromwirkung vortäuschen, die nicht vorhanden ist. Es ist zwar gleichfalls günstig, die von der Störung nicht erfaßten Muskeln zu kräftigen, um sie zu befähigen, für nicht wiederherstellbare Muskeln einzutreten. Am wichtigsten muß uns aber die elektrogymnastische Behandlung der gelähmten Muskeln sein. Zu dieser ist jedoch aus den genannten Gründen der faradische Strom nur in sehr beschränktem Maße geeignet.

Die wirksamste Behandlung, welche der verschiedenen Erregbarkeit sowie dem ungleichen Schonungsbedürfnis der Muskeln gerecht wird, besteht darin, die aufgezählten Stromarten nacheinander oder auch tageweise abwechselnd anzuwenden. Zuerst wird man durch die konstante Galvanisation die Erregbarkeit, den Tonus und die Zirkulation steigern, anschließend dem gesamten Störungsbereich den rhythmisch unterbrochenen galvanischen Strom zuführen, um auch jene Muskeln zu erfassen, die auf indirektem Wege nicht mehr erregbar sind und von der Degeneration bedroht werden. Dann kommt der Schwellstrom zur Anwendung, welcher, bei guten motorischen Eigenschaften (Thyratronstrom) alle Muskeln zum Ansprechen bringt, die auf den galvanischen Reiz noch mit einer prompten Zuckung reagieren, auch jene, deren faradische Erregbarkeit herabgesetzt oder erloschen ist.

3. Die Zuführung des Stromes.

Die Elektroden. Die Elektroden haben die Aufgabe, den Strom über die Körperoberfläche den motorischen Nerven und Muskeln zuzuführen. Sie bestehen aus dünnen, biegsamen Metallplatten von meist rechteckiger oder kreisrunder Form, die sich den verschiedenen Krümmungen der Körperoberfläche gut anschmiegen. Die gebräuchlichsten Größen liegen, von 50 zu 50 cm² abgestuft, zwischen 50 und 300 cm². Für die selektive Reizung einzelner Nervenpunkte stehen kleine, runde Elektroden von etwa 1 bis 10 cm² in Verwendung.

Die Elektroden sind mit dem Apparat durch isolierte Leitungsdrähte verbunden. Der Kontakt zwischen den Elektroden und der Hautoberfläche erfolgt nicht durch direkte Berührung, sondern über eine mit Wasser getränkte Stofflage. Bei einer direkten Berührung mit der Metallfläche der Elektrode käme es zu einer elektrolytischen Reizung der Haut. Die Ionen, welche nach ihrer Wanderung durch den Körper an der Elektrode ankommen, verlieren dort ihre Ladung. Die sich dabei abspielenden chemischen Vorgänge würden eine Ätzwirkung auf die Haut ausüben; diese können durch die Zwischenschaltung einer durchfeuchteten Lage eines wassersaugenden Gewebes von der Haut distanziert werden. Die elektrolytischen Vorgänge spielen sich dann an der Berührungsfläche von Elektrode und Zwischenlage ab. Die hier ausgeschiedenen Metallionen durchsetzen aber infolge der Diffusion und Iontophorese langsam die Zwischenlagen und wandern auf die Haut zu. Die

Stoffunterlage muß daher dick genug sein und von Zeit zu Zeit durch Auskochen in 1 proz. Essigsäurelösung von den Metallionen befreit werden, wenn sie nicht unwirksam werden soll. Sie muß um so dicker sein, je größer die in einer Richtung transportierte Elektrizitätsmenge ist; für die konstante Galvanisation werden wir sie nicht unter 5 mm wählen, was etwa einem sechsfach gefalteten Frotteestoff entspricht, wogegen für den in langsamer Folge unterbrochenen galvanischen Strom und den Schwellstrom eine 2- bis 3-fache Stofflage genügt. Bei starkem täglichem Gebrauch empfiehlt es sich, sie einmal wöchentlich zu reinigen. Dies gilt auch für die Überzüge der kleinen Knopf- und Punktelektroden. Wird dies unterlassen, so kommt es zu einem unangenehmen Brennen unter der Elektrode, welches die Stromdosis sehr begrenzt und schließlich jede Behandlung unmöglich macht; es verschwindet sofort mit der Erneuerung der Zwischenschicht.

Wenn faradischer Schwellstrom verwendet wird, können die Elektroden unter Umständen auch direkt aufgelegt werden, da bei diesem die in jeder Richtung verschobenen Elektrizitätsmengen gleich groß sind. Die Erfahrung lehrt aber, daß auch hier im allgemeinen die sensible Reizung geringer ist, wenn eine Stoffzwischenlage verwendet wird.

Die Elektroden müssen mit gutem Kontakt an der gewünschten Stelle festgehalten werden und dürfen sich auch durch die Muskelbewegungen nicht verschieben. Am einfachsten ist es, wenn der Patient auf den Elektroden liegt oder diese, durch Sandsäcke beschwert, in ihrer Lage festgehalten werden. Ist dies nicht möglich, so können Binden, Gummibänder u. ä. zur Fixierung dienen.

Die Anordnung der Elektroden. Von der richtigen Anordnung und Verteilung der Elektroden hängt in hohem Maße die Kontraktionserregung und mit dieser der Wert der Behandlung ab. Auch der beste Strom muß wirkungslos bleiben, wenn er nicht dorthin geleitet wird, wo die Reizung erfolgen soll. Eine unmittelbare Kontrolle darüber, ob der Strom die erwünschten motorischen Fasern trifft oder aber sich bloß in nichtreizbarem Gewebe ausbreitet, ist die Muskelkontraktion. Sie soll möglichst deutlich sichtbar werden oder wenigstens an den betreffenden Sehnen zu spüren sein. Die Anordnung ist erst dann optimal, wenn bei der kleinsten Stromstärke — und mit dieser auch bei der geringsten sensiblen Reizung — die kräftigsten Bewegungen der zu behandelnden Muskeln zustande kommen.

Wie schon früher ausgeführt wurde ist die bipolare Methode bei der Elektrodenanordnung vorzuziehen. Diese kommt auch bei den im letzten Abschnitt angeführten Behandlungsfällen zur Anwendung. Wir verwenden also nicht, wie dies meist geschieht, nur den einen Elektrodenpol zur Kontraktionserregung und verbinden den anderen mit einer inaktiven Elektrodenplatte, sondern wir ziehen beide Pole zur Reizung heran. Wenn die Wirkung an der Anode auch schwächer ist als an der Kathode, so vermag sie doch in ihrer Umgebung Muskelbewegungen auszulösen. Hierbei werden offenbar die virtuellen Kathoden wirksam, welche auf dem Stromweg zur Anode hin entstehen. Durch eine geeignete Anordnung der Anode können diese virtuellen Kathoden bzw. die ihnen zugrunde liegenden Stromlinien so auf das zu erregende Gebiet konzentriert werden, daß der gewünschte Behandlungseffekt entsteht. Der Einflußbereich der negativen Elektrode läßt sich auf diese Weise viel weiter erstrecken, als dies durch die unipolare Reizung möglich ist. Damit steigt aber nicht nur die motorische Reizwirkung im ganzen, sondern auch der Wirkungsgrad des Apparates, da dessen Leistungsfähigkeit besser ausgenutzt wird. Auch die Behandlungsdauer kann verringert werden, da eine größere Zahl von Muskeln gleichzeitig erfaßt wird.

Das richtige Anlegen der Elektroden setzt die Kenntnis der motorischen Reizpunkte voraus. Auf ihre Lage wird im behandlungstechnischen Teil verwiesen; sie ist auch der Abb. 28, S. 90, 91, zu entnehmen. Es sind nur jene genannt bzw. eingezeichnet, die für die Therapie Bedeutung haben. Diejenigen, welche für eine länger dauernde Reizung mit fixierter Elektrode ungeeignet sind, wie etwa gewisse Reizpunkte am Halse, sind unberücksichtigt geblieben.

Bei verschiedener Elektrodengröße ist an der kleineren die Stromdichte immer größer und, wenn wir zunächst von der Polarität absehen, demgemäß die Reizwirkung kräftiger. Sind die Elektroden gleich groß, so wirkt im allgemeinen die Kathode stärker als die Anode. Durch die Wahl der Elektrodengröße und -polarität kann daher die Stromwirkung dorthin konzentriert werden, wo die Erregbarkeit besonders gering ist.

Wenn die Reizgebiete annähernd gleich groß sind, wird man zunächst auch die Elektroden gleich groß wählen. Die Verteilung der Pole geschieht rein empirisch, außer es steht von vornherein fest, an welcher Reizstelle die Erregbarkeit geringer ist. Man beginne etwa damit, die Kathode distal, die Anode proximal anzulegen und ändere nach einiger Zeit die Polarität.

Eine Wendung der Stromrichtung darf selbstverständlich nicht bei der vollen Stromstärke vorgenommen werden. Der Strom ist stets abzuschalten bevor die Polarität der Elektroden durch Umklemmen der Elektrodenzuleitungskabel oder durch Betätigung des Umpolungsschalters geändert wird. Erfahrungsgemäß ist die Empfindlichkeit der sensiblen Hautnerven für die neue Stromrichtung in der ersten Zeitspanne nach der Polwendung meist gesteigert. Es empfiehlt sich, in diesen Fällen die Stromstärke besonders langsam zu erhöhen und, wenn nötig, 1—2 Minuten hindurch mit einer geringeren Stromstärke zu arbeiten, bevor der gewünschte Endwert des Stromes eingestellt wird.

Es zeigt sich, daß je nach der Polarität der Elektroden das Kontraktionsbild ein verschiedenes ist. Wenn bei der einen Stromrichtung bestimmte Muskeln arbeiten, andere dagegen in Ruhe bleiben, kehren sich mit der Wendung der Stromrichtung die Verhältnisse um. Desgleichen verkehrt sich eine bestimmte Bewegung nach der Polwendung nicht selten in ihr Gegenteil, woraus hervorgeht, daß nach der Wendung die Antagonisten der zuerst gereizten Muskeln in Kontraktion geraten. Sollen auch diese behandelt werden, so wird man in der einen Hälfte der Behandlungszeit mit der einen, in der zweiten Hälfte mit der anderen Stromrichtung arbeiten, wobei sich in dem angeführten Fall eine Änderung der Elektrodenanordnung erübrigt.

Dieser Fall ist nicht zu verwechseln mit jenem, bei welchem es mit keiner Stromrichtung gelingt, die den Reizstellen zugeordneten Muskeln zur Kontraktion zu bringen, wogegen bei großer Stromstärke deren Antagonisten ansprechen. Diese Beobachtung machen wir häufig dann, wenn die zu reizenden Muskeln für die angewandte Stromart nicht mehr erregbar sind, deren Gegenspieler aber durch die Stromschleifen zu reagieren beginnen. In diesem Falle muß auf eine wirksamere Stromart übergegangen werden.

Die Größe und Anordnung der Elektroden wird auch durch die Art der Lähmung mitbestimmt. Bei der spastischen Lähmung muß sich die Stromwirkung auf die paretischen Gegenspieler der hypertonischen Muskeln beschränken, und das Abirren von Stromschleifen auf die spastisch kontrahierten Muskeln vermieden werden, um deren Spasmen nicht zu steigern. Deshalb muß hier auf eine selektive Stromzuführung besonderes Gewicht gelegt werden, was durch die Verwendung kleiner Elektroden und eine besonders sorgsame Wahl deren Auflagestellen geschehen kann. Dagegen ist bei der schlaffen Lähmung eine Streuung der Stromlinien und eine mehr diffuse Durchströmung unbedenklich. Die Elektroden können hier auch größer gewählt werden. Dies ist häufig sogar notwendig, wenn es sich um entnervte Muskeln handelt, da diese keine streng umschriebenen Reizstellen mehr besitzen. Hier ist es oft von Vorteil, Elektroden zu verwenden, welche die Muskeln in ihrer ganzen Ausdehnung bedecken. Auch die Längsdurchströmung des Muskels durch die Verwendung von zwei gegenpoligen Elektroden über dessen Ansatz und Ursprung führt bei schwerer Entartung der motorischen Nerven zu guten Ergebnissen.

4. Die Dauer und Wiederholung der Behandlung.

Mit der Elektrogymnastik soll in allen Fällen so früh als möglich begonnen werden. Bei der schlaffen Lähmung soll sie gleich nach dem Ablauf des akuten Stadiums einsetzen. Dies gilt besonders bei der spinalen Kinderlähmung, bei welcher die Elektrogymnastik Außerordentliches leisten kann. Hierzu ist aber eine konsequente Durchführung der Behandlung erforderlich, die, nach Einschiebung kürzerer oder längerer Pausen ständig wiederholt und selbst jahrelang fortgesetzt werden soll. Es werden immer wieder Besserungen bzw. Heilungen erzielt, auch noch nach jahrelangem Bestehen der Krankheit.

Bei der häufigsten Form der spastischen Lähmungen, der Hemiplegie, für welche die Elektrogymnastik die rationelle Behandlung ist, soll mit der Therapie begonnen werden, sobald der Zustand des Kranken dies ohne Gefahr einer neuerlichen Blutung zuläßt. Dies wird durchschnittlich etwa 4 Wochen nach Eintritt der Lähmung der Fall sein.

Die Dauer der einzelnen Behandlung wird je nach dem Grad und dem Typus der Lähmung verschieden sein. Wenn eine Übungstherapie Erfolg haben und zu einer Kräftigung führen soll, muß jede Übermüdung und Erschöpfung unbedingt vermieden werden. In dieser Hinsicht ist die schlaffe Lähmung weit empfindlicher als die spastische, bei welcher keine Störung der peripheren motorischen Nerven vorliegt und die Atrophie bloß durch Inaktivität und nicht durch Degeneration verursacht ist.

Wenn keine Degenerationserscheinungen bestehen, wird man die Behandlungsdauer anfangs mit etwa 10 Minuten ansetzen und bei täglicher Wiederholung diese Zeit nach einigen Tagen auf 15, später auf 20 Minuten und mehr erhöhen. — Liegt dagegen die Ursache der Lähmung in einer Erkrankung oder Verletzung des peripheren motorischen Neurons, so wird man mit kürzeren Zeiten, etwa 5 Minuten, beginnen und langsamer ansteigen, um mit Sicherheit jede Ermüdung auszuschließen. Mit zunehmender Kräftigung kann später die Behandlung auch auf eine halbe Stunde und darüber hinaus erstreckt werden. Diese Zeitangaben gelten für die Behandlung von Muskeln, die noch über ihre Nerven zur Kontraktion erregt werden. — Die größte Vorsicht bei der zeitlichen Dosierung muß beobachtet werden, wenn eine totale Entartung der motorischen Nerven besteht. Bei dieser können bekanntlich die Muskeln nur noch durch direkte Reizung ihrer Fasern zur Kontraktion gebracht werden. Da aber der direkt gereizte Muskel früher ermüdet als der indirekt, d. h. vom Nerv aus gereizte, muß hier mit ganz kurzen Zeiten — etwa 2 bis 3 Minuten — begonnen werden. Häufig genügen schon einige Zuckungen, wie sie der rhythmisch unterbrochene galvanische Strom auslöst, um eine Ermüdung durch das Abnehmen der Kontraktionsstärke erkennen zu lassen. In solchen Fällen wird man zweckmäßig die Schonung an die Stelle der Übung setzen und das motorische System durch konstante Galvanisation zu kräftigen trachten, bevor man zur elektrischen Gymnastik übergeht. Bei schweren Degenerationserscheinungen erweist es sich auch als günstig, nur jeden zweiten bis dritten Tag Elektrogymnastik vorzuschreiben und in der Zwischenzeit die konstante Galvanisation anzuwenden.

B. Die besondere Behandlungstechnik.

Dieser Abschnitt enthält im wesentlichen eine nach Gelenken bzw. Muskelgruppen geordnete Zusammenstellung von bewährten Elektrodenanordnungen. Diese sind das Ergebnis einer großen Zahl von Behandlungen der verschiedensten Lähmungen und haben sich hierbei als optimal erwiesen. Einleitend wird jeweils die Funktion der betreffenden Muskeln in Erinnerung gebracht und die praktische Auswertung der klinischen Untersuchung gegeben.

1. Das Schultergelenk.

Der Oberarm kann im Schultergelenk gegenüber dem Körperstamm abduziert, adduziert, anteflektiert, retroflektiert, nach innen und nach außen gerollt werden. Das volle Ausmaß dieser Bewegungen wird dadurch ermöglicht, daß neben den Bewegungen des Armes in der Gelenkpfanne des Schulterblattes auch dieses selbst dem Rumpf gegenüber bewegt werden kann. Demgemäß unterscheiden wir Muskeln, die zwischen Schultergürtel und Oberarm wirken (Mm. deltoides, supraspinatus, infraspinatus, teres major et minor, subscapularis, biceps, triceps, coracobrachialis), und solche, die Rumpf und Schulterblatt verbinden (Mm. trapecius, rhomboides, serratus anterior, levator scapulae, pectoralis minor). Außer diesen ziehen Muskeln direkt vom Körperstamm zum Oberarm (Mm. pectoralis major, latissimus dorsi).

Das seitliche Abheben des Armes bis zur Horizontalen erfordert vor allem eine Kontraktion des mittleren Teiles des Deltoides (N. axilaris). Unterstützend wirkt der Supraspinatus (N. subscapularis) und der Bizeps (N. musculo-cutaneus). Mit dem Deltoides allein ist es nicht möglich, über die Horizontale hinaus zu abduzieren, da sein Ursprung nur ganz knapp über dem Drehpunkt des Gelenkes liegt. Hierzu muß bei gespannt bleibendem Deltamuskel das ganze Gelenk nach oben gedreht werden, was dadurch geschieht, daß das Schulterblatt gegenüber seiner Ruhelage geneigt wird. In Funktion tritt zu diesem Zweck der untere Teil des Serratus anterior (N. thoracalis longus) und der mittlere und untere Trapezius (Nn. accessorius et cervicales).

Bei der Anteflexion tritt an die Stelle der mittleren die vordere Portion des Deltamuskels. Außerdem helfen Bizeps und Coracobrachialis. Die für die Hebung über die Horizontale notwendige Drehung des Schulterblattes besorgt wieder der Serratus anterior. Wird der Arm vor die Brust gezogen, so tritt der Pectoralis major in Aktion.

Bei der Retroflexion wird abermals der Deltoides, und zwar dessen hintere Portion, wirksam. Außerdem zieht der Latissimus dorsi den Arm nach hinten. Das Schulterblatt wird hierbei gleichzeitig durch den Rhomboides und den Trapezius in seinem medialen Teil an den Rumpf gedrückt, wodurch die Gelenkkapsel nach hinten gedreht wird.

Die **Adduktion** kommt im wesentlichen durch das Zusammenwirken der für die Ante- und Retroflexion verantwortlichen Muskeln zustande. Auch der Teres major (N. subscapularis) wirkt als Adduktor. Der mediale Winkel des Schulterblattes wird vom Rhomboides (N. dorsalis subscapulae) und dem Levator scapulae (Nn. cervicales et dorsalis scapulae) der Wirbelsäule genähert. Schließlich hilft auch der Trizeps bei der Adduktion mit.

Innenroller sind im besonderen die Muskeln Subscapularis (N. subscapularis), Pectoralis major und Teres major, als **Außenroller** kommen in Betracht der Infraspinatus, der Teres minor und die hintere Portion des Deltoides.

Inspektion und Funktionsprüfung. Am deutlichsten prägt sich die Atrophie des Trapezius an dem skelettierten Hervortreten des Schulterblattes aus. Steht das Schulterblatt im ganzen flügelförmig nach hinten ab — was bei nach vorne gehobenem Arm besonders deutlich wird —, so liegt eine Lähmung des Serratus anterior vor.

Von den Armbewegungen prüft man zweckmäßig zuerst die Abduktion, da durch sie der Zustand des vielseitigen Deltamuskels am klarsten erkennbar wird. Dieser ist bei einer Störung der Beweglichkeit im Schultergelenk fast immer betroffen. Bei einer Deltoideslähmung kann der Arm nicht zur Seite gehoben werden. Um sich ein Bild über den Grad der Lähmung zu machen, lasse man den Arm auch bei liegender Stellung des Kranken abduzieren. Dies gelingt bei einer bloßen Schwäche des Deltoides eher als das Emporheben des ganzen Armgewichtes.

Kann der Arm wohl bis zur Horizontalen gehoben werden, nicht aber darüber hinaus, so liegt die Schädigung an jenen Rumpf-Schulterblatt-Muskeln, welche die Schultergelenkspfanne nach oben drehen. Dies sind der untere Teil des Serratus ant., dessen Tätigkeit besonders an dem seitwärts gewanderten unteren Schulterblattwinkel erkennbar ist, und der mittlere und untere Teil des Trapezius.

Im Anschluß daran prüft man die Adduktionsfähigkeit, durch welche vor allem der Zustand des Pectoralis major und des Latissimus dorsi erfaßt wird. Der erste bildet die vordere, der zweite die hintere Wand der Achselhöhle. Eine Anspannung ist hier am deutlichsten fühlbar.

Die übrigen Armbewegungen brauchen im allgemeinen nicht besonders geprüft zu werden. Dagegen ist es ratsam, sich noch die aktiven Bewegungsmöglichkeiten des Schulterblattes anzusehen. Ihre Einschränkung, die durch den Vergleich mit den gleichzeitigen Bewegungen auf der gesunden Seite leicht erkennbar ist, beleuchtet den Zustand der Rumpf-Schulterblatt-Muskeln.

Kann das Schulterblatt nicht gegen die Wirbelsäule gezogen werden, so ist der Rhomboides gelähmt, ist seine Hebung eingeschränkt, so liegt auch eine Parese des oberen Trapeziusteiles sowie des Levator scapulae

vor. Eine herabgesetzte Senkung des Schulterblattes spricht für den
Ausfall des Pectoralis minor und des unteren Trapeziusteiles.

Eine Schwäche oder Lähmung der Oberarmmuskeln beeinflußt auch
die Bewegungs- und Kraftleistungen im Schultergelenk. Da diese Muskeln aber ihre Hauptfunktion auf das Ellbogengelenk ausüben, können
wir sie hier noch außer Betracht lassen.

Die motorischen Reizstellen. Die drei Portionen des Deltoides sind
gesondert erregbar. Der vordere Teil unweit von dem Processus cora-
coideus, nahe dem medialen Teil des Muskelwulstes, der mittlere lateral
von diesem, etwas unterhalb der Mitte des Muskelwulstes und der
hintere Teil hinter dem mitt-
leren, jedoch etwas weiter
oben. Um den ganzen Deltamuskel auf einmal zur Kontraktion zu bringen, verwendet man am besten eine streifenförmige Elektrode von
etwa 5 cm Breite und 15 bis
20 cm Länge, welche quer
über den Muskel gelegt und
mit einer um den Oberarm
oder den Rumpf geschlunge-
nen Binde festgehalten wird.
(Abb. 18, Reizgebiet 1).
Die drei Teile des Trape-
zius sind gleichfalls gesondert
erregbar. Der obere Teil vom

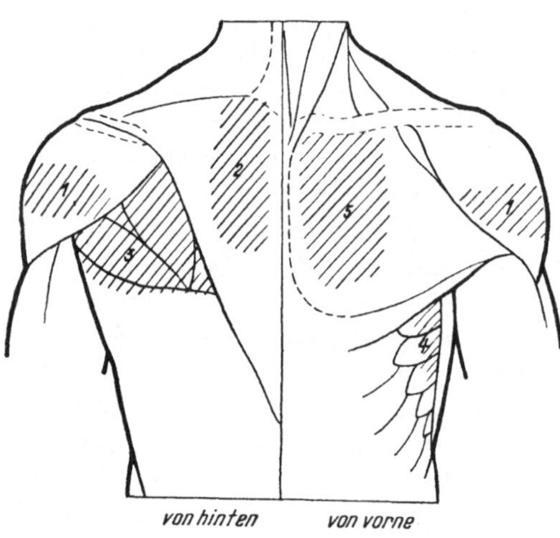

Abb. 18.

Nacken her, am freien Rande des Muskelwulstes, der mittlere etwa in
der Höhe der Spina scapulae, zwischen dem medialen Schulterblattwinkel
und der Wirbelsäule, und der untere einige Finger breit unter diesem.

Eine starke Erregung des oberen Teiles ist von einer Neigung des
Kopfes begleitet, die für den Kranken sehr unangenehm ist. Wir werden
daher in den meisten Fällen davon absehen, die Elektrode so weit in den
Nacken hinaufzuschieben; es genügen im allgemeinen die Stromschleifen
zwischen den verschiedenpoligen Elektroden, um in der oberen Portion
des Trapezius ausreichende Kontraktionen auszulösen. Durch diese
Stromschleifen kann auch der Supraspinatus mit erfaßt werden.

Die Reizstellen der mittleren und unteren Trapeziusteile können
gemeinsam mit Sicherheit durch eine etwa 200 cm² große Elektrode bedeckt werden (Abb. 18, Reizgebiet 2). Wenn der Kranke während
der Behandlung ruhig auf dem Rücken liegt, kann diese Elektrode einfach durch das Körpergewicht in ihrer Lage gehalten werden und eine
besondere Fixierung entfallen.

Das 3. Reizgebiet für die Behandlung der Schultergelenksmuskeln liegt lateral von dem eben genannten, schon sehr gegen die seitliche Thoraxwand zu. Es erstreckt sich über die Reizstellen des Latissimus dorsi — in der Höhe des unteren Schulterblattwinkels, dort, wo der Muskelwulst die seitliche Thoraxwand erreicht —, des Teres major und Teres minor — über diesem, lateral-hinten, unter der Achselhöhle —, des Infraspinatus — noch weiter oben, in der Mitte der Fossa infraspinata — und allenfalls noch des Rhomboides — sehr medial gelegen, über dem oberen Latissimusrand, lateral vom Trapezius, medial vom Schulterblatt. Diese Muskeln wirken alle im Sinne einer Adduktion. Der Kranke liegt am besten auf der etwa 150 bis 200 cm² großen Elektrode, die in ihrem lateralen Teil durch das Unterschieben von Sandsäcken gut an den Körper angepreßt wird.

Das Reizgebiet 4 liegt an der Seitenwand des Thorax und zieht einige Finger breit unter der Achselhöhle beginnend senkrecht nach unten. Es erfaßt den N. thoracalis longus, welcher bekanntlich den Serratus ant. innerviert und den Winkel der Achselhöhle teilend nach unten zieht. Die Elektrode von etwa 100 cm² Größe wird am sichersten durch eine Binde um den Rumpf fixiert.

Das 5. Reizgebiet ist an der vorderen Brustwand, über dem Pectoralis major. Zur Reizung dient eine Elektrode von etwa 150 cm², die dem liegenden Patienten einfach auf die Brust gelegt und mit einem Sandsack beschwert wird.

Die Anordnung der Elektroden. Wenn als Folge der Lähmung die Abduktion gestört ist und diese auf elektrischem Wege ausgelöst werden soll, so ist der Strom über die Reizgebiete 1, 2 und 4 zuzuführen. Um die Bewegung besonders deutlich zu erhalten, empfiehlt es sich, den Elektrodenstreifen über 1 kürzer zu wählen, so daß er bloß die mittlere Portion des Deltoides bedeckt; eine Reizung der beiden anderen Teile dieses Muskels hemmt nämlich die Abhebung, da die vordere und hintere Portion zusammen im Sinne einer Adduktion wirken. Es erweist sich am günstigsten die Elektroden über 1 und 4 mit der Kathode, die Elektrode über 2 mit der Anode des Apparates zu verbinden.

Die Unmöglichkeit, den Arm zu abduzieren, ist in den seltensten Fällen durch eine Lähmung aller Abduktoren bedingt. Am häufigsten ist der N. axillaris geschädigt und damit der Deltoides gelähmt. Wir brauchten daher nur diesen zur Kontraktion bringen, wozu eine Elektrode vollkommen ausreicht. Die zweite könnte in inaktivem Sinne nur zur Ableitung des Stromes verwendet und an eine beliebige Körperstelle gelegt werden. Die bipolare Reizung ist aber auch hier vorzuziehen. Wir legen zu diesem Zwecke die zweite, mit der Anode zu verbindende Elektrode so an, daß auch die anderen Abduktoren in Funktion treten. Dadurch wird eine Inaktivitätsatrophie dieser an sich ungeschädigten

Muskeln vermieden, welcher sie insofern ausgeliefert wären, als sie durch die Lähmung des Deltoides gleichfalls zu einer gewissen Untätigkeit verurteilt sind. Sie werden durch die Mitbehandlung gekräftigt und instand gesetzt, kompensatorisch für einen Teil der Leistung des gelähmten Muskels einzutreten. Dies gilt besonders für den Supraspinatus. Da er unter dem Trapezius liegt, bedarf es zu seiner Reizung eines Stromes von großer Tiefenwirkung. Er kann durch den Strom, der zwischen den Reizgebieten 1 und 2 fließt, zur Kontraktion gebracht werden.

Nach dem Deltoides ist am häufigsten der Serratus ant. von einer Lähmung betreoffen. Zu ihrer Behandlung legen wir eine Elektrode in Form eines 50 bis 100 cm² großen Streifens auf das Reizgebiet 4 und verbinden sie mit der Kathode des Apparates, während die zweite von etwa 100 cm² Größe auf den Deltoides gelegt und mit der Anode verbunden wird.

Liegt eine mehr diffuse, alle die genannten Muskeln betreffende Lähmung vor, so ist abwechselnd mit den angeführten Elektrodenanordnungen der Strom auch über die Reizgebiete 3 und 5 zuzuleiten. Da der Pectoralis meist leichter erregbar ist, wird hierbei die Anode an der Vorderseite, die Kathode an der Rückseite des Thorax angewendet. Eine gleichzeitige Behandlung aller Muskeln läßt sich erzielen, wenn die vordere Elektrode über den Pectoralis hinaus vergrößert wird, so daß sie auch den vorderen Teil des Deltoides bedeckt und die hintere Elektrode groß genug gewählt wird, um alle erreichbaren Reizgebiete zu erfassen. Die Rückenelektrode ist wieder mit der Kathode zu verbinden. Der Kranke liegt auf ihr, während die vordere durch Belastung mit Sandsäcken festgehalten werden kann.

Die Lagerung. Der Kranke soll während der Behandlung liegen, da dann die Elektroden auf Brust und Rücken nicht besonders festgebunden werden müssen, sondern schon durch Sandsäcke bzw. das Körpergewicht in ihrer Lage gehalten werden. Der Arm ist in eine leicht abduzierte Stellung zu bringen. Bei einer Deltoides- oder Serratuslähmung kann der Patient, falls es sein Allgemeinzustand erlaubt, ebensogut sitzen wie liegen, da hier die Elektroden auf jeden Fall festgebunden werden müssen.

2. Das Ellbogengelenk.

Am Ellbogen sind drei Gelenke vereinigt, in welchen Elle und Speiche gemeinsam gegen den Oberarm gebeugt und gestreckt werden können und eine Drehung der Speiche zu einer Supination oder Pronation der Hand führt.

Die Beugung wird durch den Bizeps (N. musculo-cutaneus), den Brachialis internus (N. musculo-cutaneus und Äste des N. radialis) und den Brachioradialis (N. radialis) bewirkt.

Die **Streckung** wird durch den Trizeps (N. radialis) und den weniger wirksamen Anconaeus besorgt.

Der kräftigste **Supinator** ist der Bizeps. Neben ihm supiniert der M. supinator (N. radialis). Von den **Pronatoren** ist der M. pronator teres (N. medianus) wirksamer als der M. pronator quadratus (N. medianus).

Die Funktionsprüfung. Diese führt hier rasch auf eine eindeutige Kenntnis der gelähmten Muskeln. Besonderes Augenmerk ist den wichtigsten Muskelfunktionen, der Beugung und der Supination zuzuwenden. Wenn der Bizeps ausfällt, so vermögen zwar die anderen Beuger den Arm noch etwas abzubeugen, doch weist die Unmöglichkeit zu supinieren klar auf eine Lähmung des Bizeps hin. Bei einem Ausfall des Bizeps treten nicht selten auch die zweigelenkigen Handgelenkbeuger in Aktion. Dies erkennen wir daran, daß mit der Beugung im Ellbogengelenk auch eine solche im Handgelenk verbunden ist. Bei einer Radialislähmung fällt der Trizeps und damit die Streckung aus, eine behinderte Pronation deutet auf eine Störung im Bereich des N. medianus.

Die motorischen Reizstellen. Der Bizeps ist gewöhnlich sehr leicht erregbar. Seine beiden Köpfe können gemeinsam von der Höhe des Muskelwulstes aus gereizt werden. Lateral und etwas unterhalb liegt noch ein besonderer Reizpunkt für den langen Kopf, medial und etwas oberhalb ein solcher für den kurzen. Der Brachioradialis ist im ganzen Bereich seines Muskelwulstes am Übergang von der Streck- zur Beugeseite des Vorderarmes gut erregbar, am besten nahe der Ellbogenbeuge. Der Brachialis wird vom Bizeps bedeckt und besitzt daher an der Hautoberfläche keine umschriebene Reizstelle. Um ihn durch den Bizeps hindurch zu erfassen, ist ein Strom von großer Reizkraft und Tiefenwirkung erforderlich. Er kann auch durch bipolare Elektrodenanwendung in den Bereich der Stromwirkung gebracht werden, wie sie z. B. dadurch gegeben ist, daß die eine Elektrode über dem Bizeps, die andere über den Brachioradialis zu liegen kommt.

Für den Trizeps liegt ein gemeinsamer Reizpunkt aller drei Köpfe ganz proximal und medial, nahe der Achselhöhle, ein solcher für den medialen und lateralen Kopf außerdem noch etwa an der Grenze des distalen und mittleren Drittels des Oberarmes. Der an sich unbedeutende Streckmuskel Anconaeus kann vom distalen Ende des Trizeps aus gereizt werden.

Die Reizpunkte der Pronatoren liegen auf der Beugeseite des Unterarmes. Wir werden auf sie bei der Besprechung des Handgelenkes noch zurückkommen.

Die Anordnung der Elektroden. Wenn der Arm nicht gebeugt werden kann und auch die Fähigkeit, zu supinieren, eingeschränkt ist, wird in bipolarer Anordnung die eine Elektrode in der Größe von etwa 100 cm^2

über den erregbarsten Bereich des Bizeps und etwas lateral gegen den Trizeps zu gelegt, um auch den Brachialis mit Sicherheit zur Kontraktion zu bringen, die andere, ungefähr gleich große Elektrode auf den Brachioradialis aufgesetzt (Abb. 19). Hat die Lähmung vorwiegend den Bizeps betroffen, so ist über diesem die Kathode anzuordnen. Ist die Lähmung selektiv auf einen Muskel beschränkt und liegt eine totale Entartung vor, so bewährt sich die bipolare Längsdurchströmung desselben. Für den Bizeps ergibt sich hierbei die in Abb. 20 dargestellte Anordnung. die distale Elektrode liegt über der Sehne des Muskels, während die proximale oberhalb des normalen Reizpunktes, gegen den Reizpunkt des N. musculo-cutaneus zu, aufgesetzt ist.

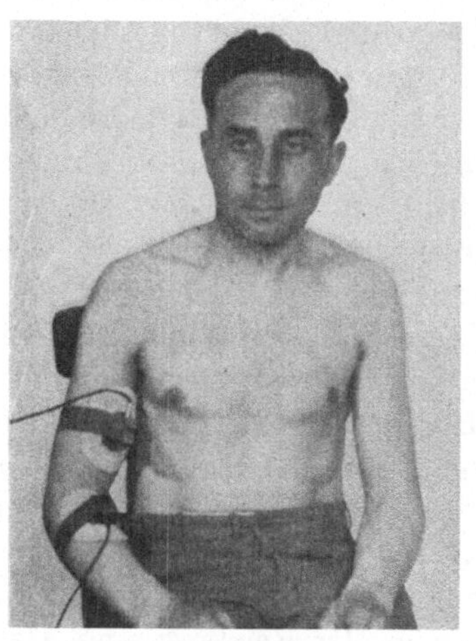
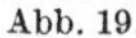
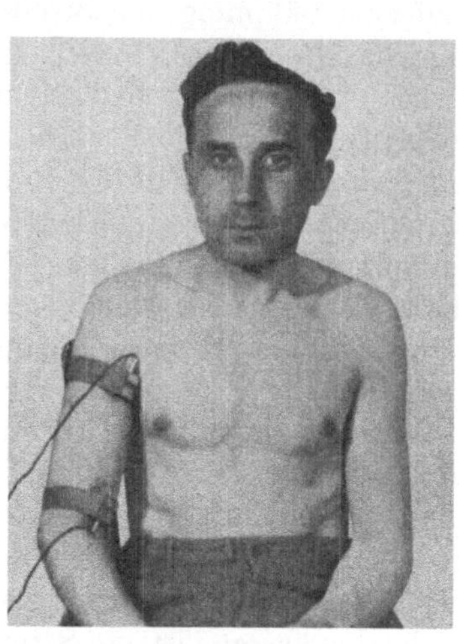

Abb. 19. Abb. 20.

Bei der Behandlung der Beugemuskeln ist der Arm in eine etwa rechtwinkelig abgebeugte Ausgangsstellung zu bringen.

Zur Kontraktionerregung des Trizeps kommen nach der bipolaren Methode zwei 50 bis 100 cm² große Elektroden in Anwendung, wovon die eine auf der Streckseite des Oberarmes ganz weit oben anzubringen ist, während die distale im unteren Drittel des Oberarmes zu liegen kommt. Da aber mit dem Trizeps gewöhnlich auch die ebenfalls vom N. radialis versorgten Hand- und Fingergelenkstrecker zu behandeln sind, wird der Trizeps mit nur einer, dafür aber größeren Elektrode über der oberen Hälfte der Oberarmstreckseite gereizt, während die zweite zur Erregung der Unterarmstreckmuskeln verwendet wird.

3. Das Handgelenk und die Fingergelenke.

Bei einer Lähmung der Handgelenkmuskeln sind stets auch die Fingermuskeln mitbetroffen. Bei elektrisch ausgelösten Bewegungen im Handgelenk können und werden auch die Finger in Bewegung geraten. Wir können daher Hand- und Fingergelenke gemeinsam besprechen.

Im Handgelenk gibt es vier Bewegungsmöglichkeiten: die Streckung, die Beugung, die radiale und die ulnare Abduktion.

Als Strecker wirken die Muskeln Extensor carpi radialis long. et brev. und Extensor carpi ulnaris. Diese werden vom Radialis innerviert, welcher unter den Armnerven die größte Störanfälligkeit zeigt.

Bei der Beugung des Handgelenkes treten in Funktion die Muskeln: Flexor carpi radialis (N. medianus), Flexor carpi ulnaris (N. ulnaris) und Palmaris longus (N. medianus).

Die Abduktion kommt durch das sinngemäße Zusammenwirken der genannten Muskeln zustande. Bei der radialen Abduktion kontrahieren sich die radialseitigen Beuger und Strecker, bei der ulnaren die ulnarseitigen.

Gleichfalls beugend und streckend auf das Handgelenk wirken die Fingerbeuger bzw. -strecker.

Die Fingergrundgelenke werden gestreckt durch den Extensor digitorum communis, der Daumen durch den Extensor pollicis long. und den Extensor poll. brev., der zweite und fünfte Finger haben zusätzliche Streckmuskeln in dem Extensor indic. propr. bzw. dem Extensor dig. V. popr. Sämtliche Strecker werden vom Radialis innerviert, welcher bekanntlich auch die Streckmuskeln des Ellbogen- und Handgelenkes versorgt. Eine Streckung der distalen Phalange, verbunden mit einer Spreizung der Finger, vollführen die Mm. interossei dorsales (N. ulnaris). Den Daumen abduzieren die Mm. abductor poll. long. (N. radialis) und abd. poll. brev. (N. ulnaris), den fünften Finger der M. abd. dig. V. (N. ulnaris).

Die Beugung der Finger in allen Gelenken erfolgt durch die Muskeln Flexor digit. sublimis (N. medianus) und Flexor digit. profundus (N. medianus und N. ulnaris). Der M. palmaris longus (N. medianus) beugt durch die Spannung des Hohlhandsehnenblattes neben den Grundphalangen auch den Daumen. Besondere Daumenbeuger sind der Flexor poll. long. (N. medianus) und der Flexor poll. brev. (N. ulnaris), ein zusätzlicher Beuger des fünften Fingers ist der Flexor dig. brev. V. (N. ulnaris). Die Mm. lumbricales beugen gleichfalls in den Grundgelenken der zweiten bis fünften Finger und strecken die Endglieder. Wichtig ist noch die Adduktion des Daumens durch den Adduktor poll. long. (N. ulnaris) und seine Opposition durch den Opponens pollicis (N. medianus).

Inspektion und Funktionsprüfung. Die Prüfung der aktiven Beweglichkeit ist höchst einfach und führt rasch auf die gelähmten Muskeln. Am häufigsten ist die Streckung betroffen, was sich durch die große Anfälligkeit des N. radialis erklärt.

Eine Lähmung der Fingergelenksmuskeln kann ebenfalls leicht aus der Funktionsprüfung lokalisiert werden. Meist geben schon die Ausfallserscheinungen in den proximal gelegenen Gelenken Hinweise auf den Sitz der Störung in einem der vom Radialis, Medianus oder Ulnaris innervierten Gebiet. So ist eine Einschränkung der Handgelenkstreckung meist mit einer solchen der Fingerstreckung verbunden. Ein typisches Kennzeichen einer Radialislähmung ist für das Handgelenk die „Fallhand". Für den Daumen kommt sie auch durch eine herabgesetzte Abduktion zum Ausdruck.

Der Zustand der Fingerbeuger läßt sich leicht aus der Kraft des Handdruckes im Vergleich zu dem der gesunden Seite beurteilen. Liegt die Schädigung mehr im Gebiet des N. medianus, so ist die Kraft der radialseitigen Finger stärker herabgesetzt oder ganz aufgehoben, liegt sie dagegen mehr im Gebiet des N. ulnaris, so sind die ulnaren Finger stärker betroffen. Eine Unterscheidung in dieser Hinsicht wird durch die Beobachtung der Fingerstellung und der Atrophie sehr erleichtert. Bei der Medianuslähmung liegt der Daumen in der Ebene der anderen Finger und ist der Daumenballen deutlich atrophisch („Affenhand"); unter anderem sind die Beugung und die Opposition des Daumens aufgehoben oder eingeschränkt. Die Beugung der Finger fällt gleichfalls aus, und zwar mehr für den zweiten und dritten als für den vierten und fünften Finger. Bei einer fortgeschrittenen Ulnarislähmung finden wir eine ausgeprägte Beugung der Endphalange, verbunden mit einer Streckung in den Grundgelenken („Klauenhand"). Dies liegt an dem Ausfall der Interossei und Lumbricales, die bekanntlich Beuger der Grundphalange und Strecker der Endphalange sind. Es kommt dadurch zu einem Überwiegen der Antagonisten dieser Muskeln, die zu einer Überstreckung der Grundglieder und einer Beugung der Mittel- und Endglieder führt.

Die motorischen Reizstellen. Die motorischen Punkte für die Handgelenkstrecker liegen im proximalen Drittel der Unterarmstreckseite, ein Gebiet, welches durch die Elle, das Ellbogengelenk und den Brachioradialis begrenzt wird. Von diesem liegt der Reizpunkt des Extensor carpi radialis long. sehr weit proximal, in der Höhe des Ellbogens, der des Extensor carpi rad. brev. etwa vier Finger breit distal davon und der des Extensor carpi ulnaris ziemlich nahe dem Ulnarand, etwa vier Finger breit distal vom Olekranon.

Das Reizgebiet für die Handgelenkbeugung liegt diametral gegenüber jenem für die Streckung, also im oberen Drittel der Unterarmbeugeseite. Der radiale Beuger wird von der unteren Grenze dieses Gebietes aus am besten erregt, der Palmaris longus etwas ulnarwärts davon und der ulnare Beuger von der Nähe der Ulna aus, oft schon am Übergang von der Beugeseite zur Streckseite.

Es würde zu weit führen, die motorischen Punkte sämtlicher Fingermuskeln gesondert anzugeben. Die selektive Erfassung eines einzelnen Muskels ist für die Behandlung auch kaum erforderlich. Wir können uns daher darauf beschränken, Reizgebiete zu nennen, von welchen aus eine allgemeine Beugung oder Streckung geübt werden kann. Nur für die wichtigen Daumenmuskeln sind einige Sonderreizungen notwendig.

Die Fingerstrecker werden durchwegs vom N. radialis versorgt. Eine Reizstelle desselben befindet sich auf der Streckseite des Oberarmes. Sie ist aber nicht ganz leicht zu finden und für die Behandlung auch deshalb weniger geeignet, weil die kleine Reizelektrode durch die Kontraktionen des miterregten Trizeps dauernd aus ihrer Lage gebracht wird, wodurch der gewünschte Reizeffekt wieder verschwindet. Es kommt daher praktisch nur eine Reizung der direkten motorischen Punkte in Betracht.

Der gemeinsame Fingerstrecker ist an mehreren Stellen seines Verlaufes, am besten im oberen Drittel oder der oberen Hälfte des Unterarmes erregbar. Ein proximaler Reizpunkt liegt etwas distal vom Radiusköpfchen. Mehrere Finger breit unter diesem befinden sich weitere Reizstellen.

In der unteren Hälfte der Vorderarmstreckseite liegen die Reizpunkte der besonderen Streckmuskeln für den zweiten und fünften Finger. Von diesen finden wir den motorischen Punkt des Extensor dig. V. etwa an der Grenze zwischen dem unteren und mittleren Drittel des Vorderarmes, den des Extensor indic. propr. schon sehr weit distal, etwa zwei Fingerbreiten oberhalb des Capitulum ulnae.

In diesem Gebiet, jedoch schon mehr gegen den radialen Rand der Streckseite zu, liegen die Reizstellen für den Daumenabduktor und den langen und kurzen Daumenstrecker. Der Abduktorpunkt liegt am proximalsten, etwa in der Höhe des Kleinfingerstreckers, weiter distal folgt der Reizpunkt für den Extensor poll. brev. und knapp über dem Handgelenk der des Extensor poll. long.

Die Fingerbeuger werden ebenso wie die Beuger des Handgelenkes zum Teil vom Medianus, zum Teil vom Ulnaris innerviert. Die Reizpunkte dieser Nerven im Gebiet des Ellbogengelenkes sind für die Elektrogymnastik nicht brauchbar. Eher eignen sich schon die Nervenpunkte im unteren Verlaufsbereich dieser Nerven zur indirekten Reizung. Sie liegen an der Beugeseite des Handgelenkes, und zwar der des Medianus über der Mitte desselben, zwischen den beiden dort vorspringenden Sehnen des M. flexor carpi radialis und des M. palmaris longus, der des Ulnaris ulnar von dem eben genannten.

Von den direkten Reizpunkten an der Beugeseite des Vorderarmes sind die des Flexor dig. sublimis an vielen Stellen seines Muskelverlaufes zu finden. Der Flexor dig. profundus kann distal vom Reizpunkt des ulnaren Handgelenkbeugers, nahe der Ulnakante, gereizt werden.

Im distalen Drittel des Vorderarmes, ziemlich radial, liegt noch der motorische Punkt des langen Daumenbeugers.

Distal vom Handgelenk haben vor allem die Reizstellen auf dem Daumenballen Bedeutung. Von diesem aus können Abduktor und Flexor poll. brev. sowie der Opponens und Adductor poll. zur Kontraktion gebracht werden.

Die Anordnung der Elektroden. Zur Auslösung von Streck- oder Beugebewegungen im Handgelenk kommt man mit einer Elektrode von etwa 50 bis 100 cm^2 im oberen Drittel der Vorderarmstreck- bzw. beugeseite vollkommen aus. Durch eine solche werden auch wichtige Fingerstreck- bzw. beugemuskeln gereizt. Außerdem bringt sie auf der Streckseite den M. supinator, auf der Beugeseite den M. pronator teres in den Bereich der Stromwirkung. Eine besonders gute Wirkung wird erzielt, wenn eine zweite Elektrode von entgegengesetzter Polarität über das distale Drittel des Vorderarmes gesetzt wird (Abb. 21), und zwar auf die Streckseite, wenn die Streckmuskeln, auf die Beugeseite, wenn die Beugemuskeln gelähmt sind.

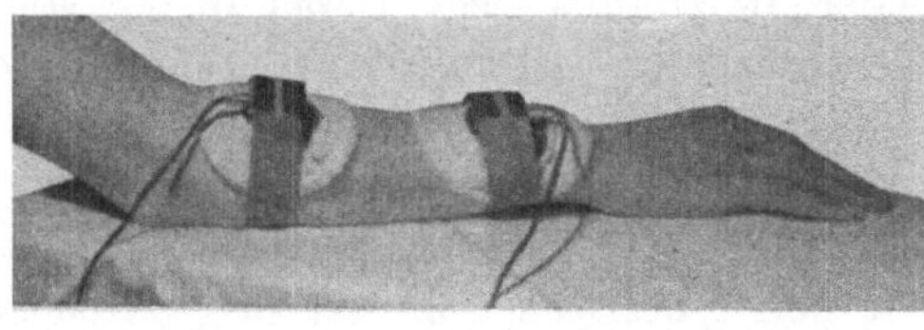

Abb. 21.

Einige Daumenmuskeln, die für die Leistungsfähigkeit der Hand große Bedeutung haben, können nur vom Daumenballen aus gereizt werden. Zu diesem Zweck legen wir eine kleine, meist mit der Kathode zu verbindende Elektrode über den Daumenballen. Zur Fixierung wird die Hand einfach auf die Elektrode gelegt und der Handrücken mit einem Sandsack beschwert.

Wenn eine direkte Reizung der in der Hand selbst verlaufenden Fingermuskeln erforderlich ist, wird dorsal und volar je eine Elektrode angebracht. Die Hand liegt wieder mit der Innenfläche auf der einen Elektrode und wird auf dem Handrücken reichlich belastet. Bei verschiedener Polarität der beiden Elektroden ermöglicht diese Anordnung eine kräftige Reizung der Mm. lumbricales und interossei.

4. Typische Lähmungserscheinungen an der oberen Extremität.

Da eine Lähmung sich nicht nur auf eingelenkige, sondern auch auf zwei- und mehrgelenkige Muskeln erstreckt, ist die aktive Beweglichkeit meist gleichzeitig in mehreren Gelenken gestört. Dabei ist die Störanfälligkeit der einzelnen Nerven und Muskeln verschieden groß, so daß bestimmte Ausfallserscheinungen besonders häufig auftreten.

Für den Ausfall der Schultergelenksbewegungen ist in den weitaus meisten Fällen der vom N. axillaris versorgte Deltamuskel verantwortlich. Nach diesem folgt an Häufigkeit die Lähmung des Ser-

ratus anterior. Von den Armnerven ist der Radialis am meisten
betroffen, wie wir von dem Überwiegen der Lähmungen und Paresen
der Streckmuskeln her wissen. Einen ganzen Komplex von charakte-
ristischen Lähmungserscheinungen finden wir bei der häufigsten Form
der zentralen Lähmungen, der Hemiplegie. Als Gegenspieler der
spastisch kontrahierten Muskeln sind hier meist paretisch und daher
zu behandeln die Mm. deltoides, triceps sowie die Hand- und Fingerstrecker. Eine bewährte Elektrodenanordnung für diesen Fall zeigt die
Abb. 22. Die eine Elektrode liegt quer über dem Deltoides und erreicht
auch noch eine proximalste Reizstelle des Trizeps, die zweite von entgegengesetzter Polarität erfaßt in ihrer Lage auf der Streckseite des

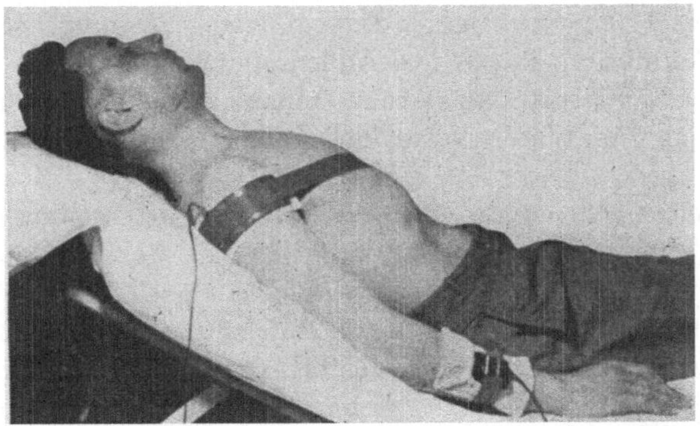

Abb. 22.

Unterarmes die wichtigsten Streckmuskeln des Handgelenkes und der
Finger. Der Reizeffekt ist eine Abduktion im Schultergelenk und eine
Streckung in Ellbogen-, Hand- und Fingergelenken. Je nach der Lage
der Kathode sind die Kontraktionen distal oder proximal kräftiger.
Unter Umständen wird es sich empfehlen, die Stromrichtung nach der
halben Behandlungszeit zu wenden.

Durch eine Verletzung des Plexus brachialis kommt es zu einer
Plexuslähmung, bei der alle Armmuskeln mehr oder weniger stark
betroffen sind. Eine durchgehend kräftige Wirkung kann bei dieser
diffusen Lähmungsform erzielt werden, wenn durch bipolare Elektrodenanordnung der ganze Arm gleichmäßig durchströmt wird. Die proximale
Elektrode schlingt sich streifenförmig um den Oberarm und ist ganz
hoch in die Achselhöhle hinauf zu schieben, die distale wird in Form
einer Manschette im unteren Drittel des Unterarmes angebracht. Die
Flächen der beiden Elektroden sollen ungefähr gleich groß sein, ihre
Polarität ist nötigenfalls nach der halben Behandlungszeit zu wechseln.

Statt der distalen Streifenelektrode kann auch ein Zellenbad verwendet werden, in welches die Hand bis zum Handgelenk eintaucht. Als Elektrodenfläche wirkt hierbei die gesamte, vom Wasser benetzte Hautoberfläche; sie ist also verhältnismäßig groß. Um zu vermeiden, daß sie dadurch inaktiv wird, muß auch die proximale Elektrode größer gewählt werden.

Eine „nasse" Elektrode in Form eines Zellenbades ist nur so lange anwendbar, als die elektrisch ausgelösten Kontraktionen nicht so kräftig werden, um die Hand aus dem Wasser herauszuheben. Wir benutzen sie daher lieber bei der konstanten Galvanisation als bei der Elektrogymnastik. Bei letzterer eignet sie sich am ehesten noch zur Behandlung der unteren Extremität.

5. Das Hüftgelenk.

Wir unterscheiden hier sechs Bewegungen: Beugung, Streckung, Abduktion, Adduktion, Innen- und Außenrollung. Die hierbei in Tätigteit tretenden Muskeln haben darüber hinaus aber zumeist eine nicht minder wichtige Funktion in der Aufrichtung und Gleichgewichtshaltung des Körpers.

Der bei weitem mächtigste Streckmuskel ist der Glutaeus maximus (N. glutaeus inferior). Wie schon aus seiner Entwicklung hervorgeht, hat er weit Wichtigeres zu leisten, als das Bein nach hinten zu heben. Er ist vor allem verantwortlich für die Aufrichtung und die Erhaltung des Gleichgewichtes. Dazu wird er befähigt durch die weite Erstreckung seines Einflußgebietes, welches einerseits über die Fascia lumbodorsalis und den M. latissimus dorsi bis zum Oberarm geht, und andererseits vermittels der Fascia lata zum Unterschenkel reicht. — Als unterstützend wirken bei der Streckung mit die Muskeln Biceps femoris (N. tibialis und peronaeus), Semitendinosus (N. tibialis) und Semimembranosus (N. tibialis).

An der Beugung hat der tiefliegende Iliopsoas (Plexus lumbalis) den Hauptanteil. Neben ihm treten in Funktion die Muskeln: Rectus femoris (N. femoralis), Sartorius (N. femoralis) und Tensor fasciae latae (N. glutaeus super.).

Bei der Adduktion kommt die vom N. obturatorius versorgte Muskelgruppe zur Wirkung, bestehend aus Adductor longus et brevis, Adductor magnus, Pectineus und Gracilis. Ihre Hauptbedeutung liegt nicht im Adduzieren, sondern in dem Einfluß auf die Körperhaltung. Ihre physiologische Aufgabe besteht darin, beim Gehen die Seitwärtsneigung des Rumpfes über das Standbein auf ein Minimum zu beschränken.

Bei der Abduktion, dem Spreizen der Beine, kontrahieren sich die Muskeln Glutaeus medius und Glutaeus minimus (N. glutaeus superior). Ein Synergist ist auch der M. tensor fasciae latae. Sie sind, ebenso wie ihre Gegenspieler, die Adduktoren, beim Gehen ständig in Tätigkeit und verhindern das Absinken des Beckens nach der Seite des Spielbeines. Außerdem leisten sie die beim Durchschwingen des Spielbeines aufzuwendende Arbeit.

Inspektion und Funktionsprüfung. Man wird hier, wenn möglich, zuerst die Haltung und Gangart des Kranken beobachten. Da diese Funktionen so bedeutsam für die genannten Muskeln sind, tritt ihr Ausfall hierbei besonders deutlich zutage.

Bei einer Lähmung des Glutaeus maximus kann sich der Kranke nicht oder nur schwer vom Sitz erheben, auch das Stiegensteigen oder Nachaufwärtsgehen ist ihm unmöglich, desgleichen eine aufrechte, in der Hüfte durchgestreckte Haltung. Bei einseitiger Lähmung ist auch eine geringe Atrophie schon deutlich an der hierdurch bedingten Unsymmetrie erkennbar.

Ein Ausfall des Iliopsoas verhindert, daß das Knie gegen die Brust gezogen werden kann. Auch das Aufrichten des Rumpfes aus dem Liegen — bei dem auch die Bauchmuskeln mitarbeiten — ist erschwert oder unmöglich. Die Synergisten des Iliopsoas wirken auf die Beugung des Hüftgelenkes weit schwächer als dieser. Sie besitzen ihre Hauptfunktionen bei den Bewegungen im Kniegelenk und sollen dort genauer untersucht werden.

Der Zustand der Adduktoren kann aus der Kraft beurteilt werden, mit der die Oberschenkel gegen einen Widerstand aneinandergepreßt werden können. Für ihre Lähmung ist vor allem die Haltung des Rumpfes beim Gehen kennzeichnend. Da die Fixierung der Hüfte gegen das Standbein, welche im Normalen durch die gespannten Adduktoren besorgt wird, fehlt, neigt sich der Körper zur Seite, und zwar so weit, bis seine Schwerlinie in das Standbein fällt.

Auch über eine Lähmung der Abduktoren gibt die Gangart den besten Aufschluß. Hier schwankt der Rumpf bei jedem Schritt nach der Seite des Spielbeines hin, also in entgegengesetztem Sinne wie bei der Adduktorenlähmung.

Die motorischen Reizstellen. Der Glutaeus maximus ist an mehreren Stellen seines Wulstes, am besten in dessen Mitte, erregbar. — Der Iliopsoas hat als tiefliegender Muskel keine an der Körperoberfläche lokalisierte Reizstelle. Es kann versucht werden, ihn durch bipolare Elektrodenanordnung zur Kontraktion zu bringen. — Die Adduktoren, welche kräftig auf den elektrischen Strom reagieren, können an mehreren Stellen des Adduktorendreieckes gereizt werden. Dieses wird bekanntlich nach oben durch die Leistenbeuge, nach vorne durch den Sartorius begrenzt. — Von den Abduktoren kommen für die Reizung der kleine Gesäßmuskel und der M. tensor fasciae latae in Betracht. Ihre motorischen Punkte liegen bereits hoch oben, gegen die laterale Fläche des

Oberschenkels zu. Der des Glutaeus medius befindet sich etwas oberhalb des vorspringenden Trochanter major, unterhalb der Crista iliaca, der des Tensor fasciae latae gleichfalls wenig unterhalb der Crista iliaca, jedoch mehr gegen die Vorderseite des Oberschenkels zu.

Die Anordnung der Elektroden. In vielen Fällen kann die Behandlung der genannten Muskeln kombiniert werden mit der Kontraktionserregung der bei den Bewegungen im Knie- und Fußgelenk wirkenden Muskeln. Darauf werden wir später noch zurückkommen. Wenn jedoch die Lähmung der für die Hüftgelenksbewegungen verantwortlichen Muskeln sehr schwer ist, scheint eine volle Konzentration der Stromwirkung auf dieses Gebiet unumgänglich, um so mehr, als die fraglichen Muskeln schon im normalen weniger leicht erregbar sind als die mehr distal gelegene Extremitätenmuskulatur.

Der M. glutaeus max. wird am besten gereizt über eine etwa 100 bis 150 cm² große Elektrode auf der Mitte des Muskelwulstes. Dabei sitzt oder liegt der Patient auf der Elektrode. Gleichzeitig kann man die zweite Elektrode von entgegengesetzter Polarität auf einen anderen behandlungsbedürftigen Muskel im Bereiche des Hüftgelenkes einwirken lassen.

Ist die Beugung eingeschränkt, so kann man trachten, auf den Iliopsoas einzuwirken. Zu diesem Zweck legt man die Elektrode von etwa 50 bis 100 cm² über die Leistenbeuge, proximal vom Sartorius, lateral vom Pectineus. Zur Festhaltung der Elektrode kann ein Sandsack verwendet werden. — Bei einer Lähmung der Adduktoren kommt eine Elektrode von etwa 100 cm² auf die Innenseite des Oberschenkels und bedeckt das Adduktorendreieck. Auch hier kann ein Sandsack zur Fixierung dienen. — Die Abduktoren können mit einer etwa 150 cm² großen Elektrode, schon sehr hoch oben an der lateralen Seitenfläche des Oberschenkels erfaßt werden. Die Elektrode wird am besten mit einer Binde fixiert. — Eine gleichzeitige Behandlung aller dieser Muskeln läßt sich erzielen, wenn eine größere Platte auf den Glutaeus max. mit Erstreckung nach oben und lateral gegen die äußere Seitenfläche des Oberschenkels zu gelegt wird, während eine streifenförmige Elektrode rund um den Oberschenkel und ganz proximal auf diesem festzubinden ist. Beide Elektroden sollen von annähernd gleicher Flächengröße sein, ihre Polarität ist nach der halben Behandlungszeit zu wechseln.

6. Das Kniegelenk.

Im Kniegelenk gibt es zwei Bewegungsmöglichkeiten: die Beugung und die Streckung. Da es mit dem Hüftgelenk durch viele zweigelenkige Muskeln gekoppelt ist, treten diese auch hier wieder in Funktion. Dieser Umstand macht sich bei der Funktionsprüfung bemerkbar und kommt auch bei der Elektrodenanordnung zur Geltung.

Bei der **Beugung** im Kniegelenk sind vor allem die an der Rückseite des Oberschenkels liegenden Mm. biceps femoris, semitendinosus und semimembranosus wirksam, welche vom Tibialis innerviert werden. Sie wurden bereits als Hilfsmuskeln bei der Hüftgelenksstreckung genannt. Unterstützt wird die Kniebeugung durch die an der Vorder- bzw. Innenfläche des Oberschenkels verlaufenden Mm. sartorius (N. femoralis) und gracilis (N. obturatorius). Der erste ist auch ein Beuger im Hüftgelenk, der zweite ein Adduktor in diesem.

Bei der **Streckung** tritt der Quadrizeps (N. femoralis) in Tätigkeit. Er besteht aus dem Rectus femoris, welcher auch bei der Beugung im Hüftgelenk mithilft, dem Vastus lateralis, medialis und intermedius. Der zuletzt genannte liegt unter dem Rectus femoris. Der Quadrizeps besitzt unter allen Muskeln des Oberschenkels die weitaus mächtigste Entwicklung, und die Fasern des Trizeps umfassen den Oberschenkel in seinem mittleren Drittel fast ringsum. Diese kräftige Ausbildung erklärt sich aus der Aufgabe des Muskels, beim Gehen das Knie durchzudrücken, also zu strecken, und dabei die ganze Last des Körpers zu heben.

Inspektion und Funktionsprüfung. Ein Verlust an Muskelsubstanz ist vor allem an dem Strecker des Kniegelenkes, dem M. quadriceps, sehr auffallend. Seine Kraftleistung wird mit und ohne zusätzlichen Widerstand geprüft. Eine leichte Anspannung des Rectus femoris kann am ersten an einer Hebung der Patella getastet werden. — Eine entsprechende Untersuchung der Beugekraft vermittelt die Kenntnis über eine Lähmung oder Parese der Kniebeuger. Als ersten Innervationserfolg können wir eine leichte Spannung der betreffenden Sehnen fühlen, von welchen die des Biceps femoris den lateralen, die des Semimembranosus und des Semitendinosus den medialen Rand der Kniekehle bilden.

Die motorischen Reizstellen. Der M. quadriceps kann von seinem Nerv, dem N. femoralis aus, gut erregt werden. Dessen Reizpunkt ist in der Mitte der Vorderseite des Oberschenkels, ganz proximal, knapp unterhalb der Leistenbeuge leicht zu finden. Der Muskel kann auch in seinen einzelnen Teilen über die direkten Reizpunkte zur Kontraktion gebracht werden. Diese liegen für den medialen Kopf im unteren Drittel des Oberschenkels, einige Finger breit ober der Patella, auf dem medial liegenden Teil des Muskels; für den lateralen Kopf gleichfalls auf dem Muskelwulst und etwa in der Mitte des Oberschenkels; für den lateralen und den geraden Kopf gemeinsam im proximalen Drittel des Oberschenkels, etwas lateral; für den Rectus femoris medial und unterhalb des letztgenannten Punktes.

Die drei Kniebeuger Biceps fem., Semimembranosus und Semitendinosus können von mehreren Stellen der Rückseite des Oberschenkels aus

zur Kontraktion gebracht werden, am besten von dessen oberem Drittel
aus. Die zwei erstgenannten sind auch unweit oberhalb der Kniekehle
zu reizen.

Die Anordnung der Elektroden. Eine kräftige Stromwirkung auf die
Beugemuskeln kann erzielt werden, wenn zwei Elektroden von etwa
100 bis 150 cm² in bipolarer Weise verwendet werden, von welchen die
eine einige Finger breit oberhalb der Kniekehle, die andere im oberen
Drittel der Oberschenkelbeugeseite zu liegen kommt. Der Patient sitzt
mit frei herabhängendem Bein und belastet mit dem Oberschenkel die
beiden Elektroden.

Bei der Behandlung der sehr häufigen Quadrizepslähmung kommen
zwei gegenpolige Elektroden von etwa 100 cm² zur Anwendung. Die
eine wird im proximalen Drittel der Oberschenkelstreckseite aufgelegt,

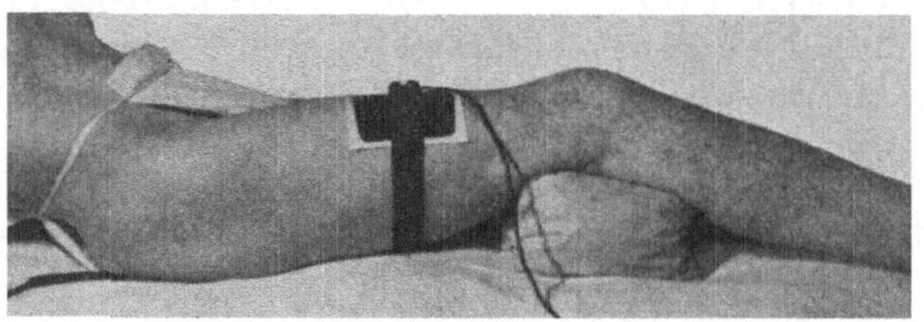

Abb. 23.

so, daß sie auch den indirekten Reizpunkt des N. femoralis bedeckt,
die zweite im distalen Drittel. Beide werden durch Sandsäcke nieder-
gehalten.

Wenn wieder verschiedene Muskeln und Muskelgruppen — in unserem Falle solche für die Bewegungen im Hüftgelenk und im Kniegelenk — gleichzeitig behandelt werden sollen, ist darauf zu achten, daß
jene Muskeln, die nicht direkt von den Elektroden bedeckt sind, durch
die zwischen den Elektroden verlaufenden Stromlinien gereizt werden.
Auf diese Weise können der Glutaeus maximus und die Beugemuskeln
für das Kniegelenk gleichzeitig erfaßt werden, wenn die eine Elektrode
auf die Reizstellen des Glutaeus, die zweite etwas oberhalb von der Kniekehle aufgelegt wird. Häufig wird auch die Reizung des Glutaeus mit
der des Quadrizeps kombiniert. Die Elektrode für den letzteren wird
hierbei etwa im mittleren Drittel der Oberschenkelstreckseite angebracht (Abb. 23).

7. Das Fußgelenk und die Zehengelenke.

Im Fußgelenk unterscheiden wir die Beugung oder Plantarflexion,
die Streckung oder Dorsalflexion, die Pronation, bei der sich der äußere

Fußrand hebt und der Fuß leicht abduziert wird, und die Supination, die zu einer Hebung des inneren Fußrandes, verbunden mit einer Adduktion, führt.

Die Beugung, durch welche die Ferse vom Boden abgehoben wird, ist hier die für den Gang wichtigste Funktion. Ihre Bedeutung kommt in der die Strecker an Mächtigkeit weit überwiegenden Ausbildung der Beugemuskeln zum Ausdruck. Zu diesen zählen vor allem die vom Tibialis innervierten Mm. gastrocnemius und soleus, die als M. triceps surae die Masse der Wadenmuskulatur bilden. Die Beugung wird unterstützt durch den kräftig entwickelten Flexor hallucis longus (N. tibialis), der die große Zehe beim Gehen vom Boden abstemmt und damit an der Abwicklung des Fußes maßgeblich beteiligt ist. In seiner Hauptfunktion ist er jedoch der stärkste Spanner des Fußgewölbes. — An der Streckung beteiligen sich die vom N. tibialis versorgten Mm. tibialis anterior, extensor hallucis longus und extensor digitorum longus. Der Tibialis anterior ist auch Supinator. — Die Pronation geht auf die Tätigkeit der beiden Peronaei, des Peronaeus longus und Peronaeus brevis zurück, welche auch bei der Streckung mithelfen.

Außer den bereits genannten langen Fußmuskeln gibt es noch eine Anzahl von kurzen, die an der Fußsohle konzentriert sind. Ihre Hauptaufgabe liegt nicht in der Bewegung der Zehen, sondern in der Spannung des Fußgewölbes, wodurch sie neben den langen Fußmuskeln Einfluß auf Gang und Haltung gewinnen.

Inspektion und Funktionsprüfung. Eine Lähmung der Beuger ist meist mit einer auffallenden Atrophie der Wadenmuskeln verbunden. Die Ferse kann nicht vom Boden abgehoben werden, doch auch wenn der Patient liegt, also keine Gegenkräfte wirksam werden, kann der Fuß nicht plantar flektiert werden. Wenn eine minimale Zusammenziehung der Muskeln erfolgt, die zu einer Bewegung noch nicht ausreicht, so kann diese am ehesten an einer leichten Anspannung der Achillessehne nachgewiesen werden. Der Ausfall der Zehenbeuger, welche bekanntlich auch im Fußgelenk beugen, kann noch gesondert an der eingeschränkten Beugekraft der Zehen erkannt werden.

Am häufigsten sind die Strecker und Pronatoren gelähmt, welche von dem besonders störanfälligen N. peronaeus versorgt werden. Die Atrophie der Streckmuskeln, besonders die des Tibialis anterior, macht sich in einem scharfen Hervortreten der Tibiakante bemerkbar. Ganz geringe Kontraktionen können auch hier wieder zuerst an den betreffenden Sehnen getastet werden. Ein Ausfall der Streckung im Fußgelenk deutet auch auf eine Lähmung der Zehenstrecker hin; diese kann außerdem an der aktiven Beweglichkeit der Zehen geprüft werden.

Eine Peronäuslähmung kann meist vor einer eingehenden Funktionsprüfung schon aus der Gangart erkannt werden Da der Vorderfuß nicht

gehoben werden kann, schleifen die Zehen beim Vorschwingen des Spielbeines auf dem Boden (Spitzfuß). Um dies möglichst zu verhindern,
bemühen sich die Patienten meist, das Bein bei gleichzeitiger Abduktion
im Hüftgelenk nach vorne zu bringen.

Schließlich kann eine Muskelschwäche besonders auf die kurzen Fußmuskeln beschränkt sein. Diese ist meist die Veranlassung für eine
Senkung des Fußgewölbes und Ausbildung eines Plattfußes.

Die Anordnung der Elektroden. Für die plantare Beugung des Fußgelenkes sind die Muskeln an der Rückseite des Unterschenkels zur Kontraktion zu bringen. Zu diesem Zweck wird eine Elektrode von etwa
100 bis 150 cm² im oberen Drittel des Unterschenkels angebracht, und
zwar etwas aus der Mitte gegen die Innenseite zu gerückt und fast bis
in die Kniekehle hinauf geschoben. Hierdurch wird der Gastrocnemius

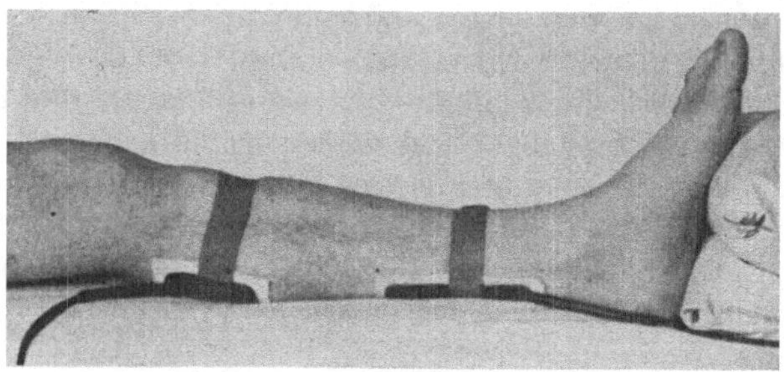

Abb. 24.

erfaßt. Eine zweite Elektrode von annähernd gleicher Größe muß auf
den Soleus und die langen Zehenbeuger einwirken, also nach oben zu
etwas über das untere Drittel der Unterschenkelbeugeseite, nach unten
bis fast zur Achillessehne reichen. Auch diese Elektrode ist etwas aus
der Mitte gegen die Innenseite hin zu verschieben (Abb. 24). — Bei
dieser Behandlung liegt der Kranke meist und belastet die Elektroden
mit dem Unterschenkel. Es empfiehlt sich hierbei, unter die Elektroden
weiche Sandsäcke zu legen, damit sie sich der Krümmung der Wade
gut anschmiegen. Der Strom ist so hoch zu dosieren, daß eine deutliche
Plantarflexion sichtbar wird. Zur Verstärkung der Muskelarbeit ist es
bisweilen günstig, die Fußsohle gegen den unteren Bettrand abzu-
stemmen. — Der Patient kann bei dieser Behandlung ebensogut sitzen,
wobei die Fußsohle auf dem Boden ruht und die Elektroden festzubinden
sind. Er kann auch zeitweilig aufstehen und sich bemühen, durch eigene
Anstrengung die elektrisch ausgelösten Kontraktionen zu unterstützen
und in deren Rhythmus die Ferse vom Boden abzuheben.

Die Muskeln für die Streckung in den Fuß- und Zehengelenken sowie
für die Pronation können gemeinsam von ihrem Nerv aus zur Kontraktion

gebracht werden. Die indirekte Reizstelle des N. peronaeus reicht vom lateralen Winkel der Kniekehle bis zum Fibulaköpfchen. In diesem Gebiet kommt eine etwa 5 cm² große Knopfelektrode zur Anwendung, welche mittels einer Binde fest niedergedrückt werden muß. Um die Stromwirkung auf die einzelnen Muskeln dieses Reizgebietes besonders zu konzentrieren, kann eine zweite, ebenfalls kleine Elektrode von entgegengesetzter Polarität auf die direkten motorischen Punkte dieser vom N. peronaeus versorgten Muskeln gesetzt werden. Die direkten Reizpunkte für die Mm. tibialis ant., extensor dig. long. und peronaeus long. liegen etwa an der Grenze zwischen dem oberen und mittleren Drittel des Unterschenkels, und zwar die des Tibialis dicht neben der Tibiakante, die des Extensor dig. com. long. weiter nach außen zu und die des Peronaeus long. noch weiter lateral. Der motorische Punkt des M. peronaeus brevis liegt etwa zwischen dem mittleren und unteren Drittel der Unterschenkelseitenfläche, der des Extensor hall. long. noch weiter gegen das Sprunggelenk zu und näher an der Tibiakante. Zur gleichzeitigen Kontraktionserregung der Strecker und Pronatoren können nach der bipolaren Methode zwei etwa 50 cm² große Elektroden Verwendung finden, welche distal bzw. proximal an der Unterschenkelstreckseite, von der Tibiakante sich lateral über die Seitenfläche ausdehnend, festzubinden sind.

8. Typische Lähmungserscheinungen an der unteren Extremität.

Bei der Hemiplegie finden sich meist Streckkontrakturen im Hüft- und Kniegelenk, welchen durch eine elektrische Übungsbehandlung der antagonistischen Beugemuskeln entgegengearbeitet werden kann. Am störendsten für die Fortbewegung ist jedoch der Ausfall der Strecker und der Pronatoren des Fußgelenkes. Zu ihrer Behebung eignet sich am besten die bipolare Reizung über zwei Knopfelektroden. Die proximale, mit der Kathode des Apparates zu verbindende Elektrode liegt auf dem Nervenpunkt des Peronaeus, während die distale, an die Anode geschaltete, die Reizpunkte des Tibialis anterior, des Extensor dig. com. long. bzw. des Peronaeus long. erfaßt. Um diese Muskeln gleichzeitig zur Kontraktion zu bringen, kann die distale Elektrode auch aus einem schmalen Streifen bestehen, welcher von der Tibiakante bis auf die Seitenfläche des Unterschenkels reicht (Abb. 25).

Bei einer schlaffen Lähmung der unteren Extremität können die verschiedensten Muskeln gleichzeitig betroffen sein. Eine große Zahl von Muskeln wird vom Strom erfaßt, wenn in bipolarer Anordnung die eine Elektrode auf die Streckseite des Oberschenkels, schon sehr weit nach oben, gegen die Leistenbeuge zu, die andere in der unteren Hälfte der Unterschenkelbeugeseite zu liegen kommt. Eine generelle Durchströmung ergibt sich bei der Anwendung einer streifenförmigen Elektrode rings um den Oberschenkel, und zwar in dessen proximalem Drittel, und einer solchen von der gleichen Flächengröße rund um das distale Drittel des Unterschenkels. Statt der letzteren kann der Fuß bis zum Knöchel in ein elektrisches Zellenbad gestellt werden. Wenn auch der

Abb. 25.

M. glutaeus behandelt werden soll, kann die folgende Anordnung getroffen werden: Eine Elektrode von etwa 200 cm^2 kommt auf den Glutaeus, eine zweite von etwa 100 cm^2 reizt von der Mitte der Oberschenkelstreckseite aus den Quadrizeps, eine dritte schließlich, die gemeinsam mit der zweiten an einem Apparatepol liegt und ebenfalls etwa 100 cm^2 groß ist, erstreckt sich über die Grenze des mittleren und unteren Drittels der Unterschenkelbeugeseite. Die Polarität ist nach der halben Behand-

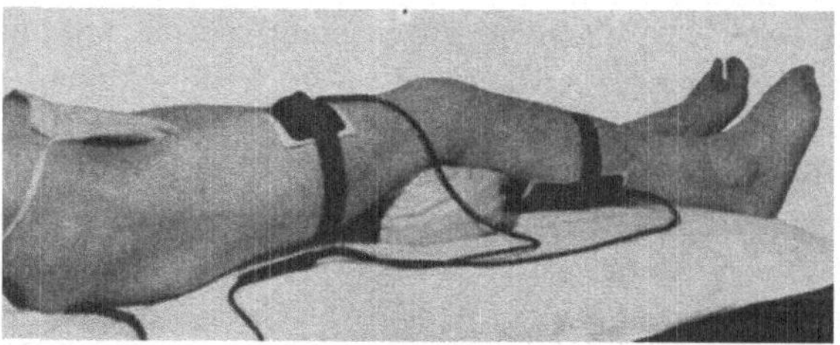

Abb. 26.

lungszeit zu wechseln. Der Patient liegt auf dem Rücken und belastet mit dem Bein zwei der angegebenen Elektroden, während die dritte durch einen Sandsack oder mit einer Binde in ihrer Lage fixiert wird (Abb. 26).

Bei der elektrogymnastischen Behandlung von Plattfüßen, die durch eine Schwäche der Fußmuskulatur bedingt sind, sitzt der Patient und stellt die Beine mit den Fußsohlen auf zwei gegenpolige Elektroden von gleicher Größe. Diese bedecken mit Ausnahme der Ferse und der Unterseite der Zehen die ganze Fußsohle. Damit sich die Elektroden gut anschmieden, lege man unter diese je einen weichen Sandsack. Nach der halben Behandlungszeit ist die Stromrichtung zu wenden, um für beide Füße die gleiche Muskelarbeit zu erzielen.

9. Die Bauchmuskeln.

Von diesen kommen für die elektrische Behandlung in Betracht die Mm. rectus abdominis, obliquus abdominis externus, obliquus abdominis internus und transversus abdominis. Alle diese großen Muskeln sind in ihren Sehnenfasern miteinander verwebt, so daß die Bauchwand als funktionelle Einheit aufzufassen ist. Sie fixieren, zusammen mit den Rückenmuskeln, den Rumpf, wirken kräftig mit beim Aufrichten aus dem Liegen, beugen und rotieren die Wirbelsäule und wirken als Bauchpresse.

Eine Lähmung oder Schwäche der Bauchmuskulatur ist an der schlaffen, nach vorne zusammengesunkenen Haltung des Patienten zu erkennen. Der Kranke kann sich nur mühsam oder überhaupt nicht aus dem Liegen aufrichten, gelingt dies doch, so tritt hierbei vorwiegend der Iliopsoas in Funktion, die Bauchdecke bleibt aber schlaff dabei. Außerdem klagen die Kranken häufig über den Ausfall der Bauchpresse.

Die genannten Muskeln können meist von mehreren Stellen aus gereizt werden. Motorische Punkte des Rectus abdominis liegen etwa drei bis vier Finger breit von der Körpermitte entfernt, weiter lateral davon ist der Obliquus abd. ext. zu reizen. Der Obliquus abd. int. und der Transversus abd. können vom untersten Teil der seitlichen Bauchwand aus, etwas oberhalb der Leistenbeuge, zur Kontraktion gebracht werden.

Als Behandlungselektrode wird bei einseitiger Lähmung eine etwa 200 cm² große Rechteckplatte verwendet, die nach oben bis zum Ansatz der Zacken des Serratus ant. nach unten dicht an die Leistenbeuge heranreicht und von der Medianlinie einen Abstand von etwa 5 cm besitzt. Ist die Lähmung beidseitig, so sind zwei solcher Elektroden in symmetrischer Anordnung und von entgegengesetzter Polarität zu verwenden. Die Polarität ist nach der halben Behandlungszeit zu wechseln.

Der Behandelte liegt auf dem Rücken, die Elektroden sind mit Sandsäcken zu belasten.

10. Die Hals- und Gesichtsmuskeln.

Für die Haltung des Kopfes und die feinst abgestuften Kopf- und Halsbewegungen sind eine Vielzahl von Muskeln verantwortlich. Von diesen können wir uns für die elektrische Behandlung auf einige wenige beschränken.

Die zum Hinterhaupt ziehenden Fasern der oberen Portion des M. trapecius drehen den Kopf nach der entgegengesetzten Seite des Muskels und neigen ihn seitwärts.

Der M. sternocleidomastoideus, welcher als langes, breites Muskelband von der Hinterohrgegend schief nach unten und vorne gegen das Sterno-clavicular-Gelenk zieht, bewirkt gleichfalls eine Drehung und Seitwärtsneigung des Kopfes. Werden die beiden symmetrischen Muskeln gleichzeitig innerviert, so beugen sie den Kopf bei normaler Haltung des Halses nach hinten, bei nach vorne gebogener Halswirbelsäule dagegen nach vorne.

Der M. splenius dreht ebenfalls den Kopf, und zwar jeweils nach der Seite des kontrahierten Muskels.

Die Kontraktionserregung erfolgt am besten für den Trapezius vom Nacken her, am freien Ende des Muskelwulstes, für den Sternocleidomastoideus etwa in der Mitte seiner Längserstreckung und für den Splenius dicht unter dem Processus mastoideus.

Eine Störung des N. facialis führt zu einer Lähmung oder Parese der mimischen Muskulatur[1]. Sie tritt meist einseitig auf und kann alle drei Äste des Nervs betreffen oder vorwiegend auf einen beschränkt sein.

Der obere Nervenast versorgt vor allem die Mm. frontalis und corrugator supercilii, der mittlere Ast innerviert die Mm. orbicularis oculi, zigomaticus, nasales, quadratus labii super. und die obere Hälfte des M. orbicularis oris, und der untere Ast führt zu den Mm. mentalis, depressor labii infer., depressor anguli oris und die untere Hälfte des M. orbicularis oris.

Eine Störung im Bereiche des oberen Astes behindert die Beweglichkeit der Stirnhaut und der Augenbraue. Sie hat im wesentlichen nur kosmetische Bedeutung. Viel unangenehmer ist eine Schädigung des mittleren Astes, da durch sie der Lidschluß schwer beeinträchtigt, wenn nicht ganz aufgehoben ist. Sehr auffallend und störend, besonders beim Sprechen, ist ein Ausfall des unteren Nervenastes.

Um alle drei Äste des Facialis gemeinsam zu reizen, muß der Strom an dem motorischen Punkt des Nervenstammes zugeführt werden, welcher unmittelbar unterhalb des Ohrläppchens liegt. Wir verwenden dazu am besten eine etwa 4 cm² große Knopfelektrode. Von den Reizstellen der einzelnen Äste befindet sich die des oberen etwa in der Höhe des Arcus supercilaris, die des mittleren senkrecht unter dieser, auf

---

[1] KOWARSCHIK, J.: Die Behandlung der Fazialislähmung. Wien. klin. Wschr. **54**, Nr. 23, 494 (1941).

dem Tuber zigomaticum oder noch etwas tiefer, und die des unteren Astes schon am Unterkieferrand, wieder senkrecht unter den anderen Reizpunkten. Zur Reizung eignet sich auch hier eine kleine Knopfelektrode am besten.

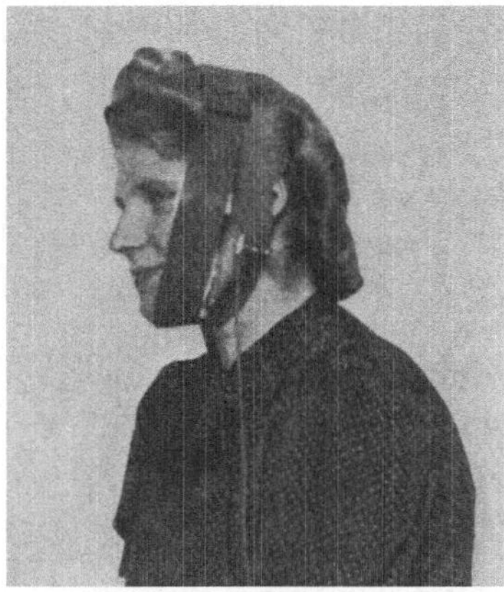

Abb. 27.

Auch bei der elektrogymnastischen Behandlung der Fazialislähmung erweist sich die bipolare Elektrodenanordnung der unipolaren weit überlegen, was durch die stärkeren Kontraktionen klar zum Ausdruck kommt. Bei ihrer Anwendung ist die Kathode auf den Nervenstamm zu legen, die Anode auf den Reizpunkt des betreffenden Astes. Wenn die Störung alle drei Äste gemeinsam befallen hat, können deren Reizpunkte durch eine schmale, streifenförmige Elektrode erfaßt werden (Abb. 27).

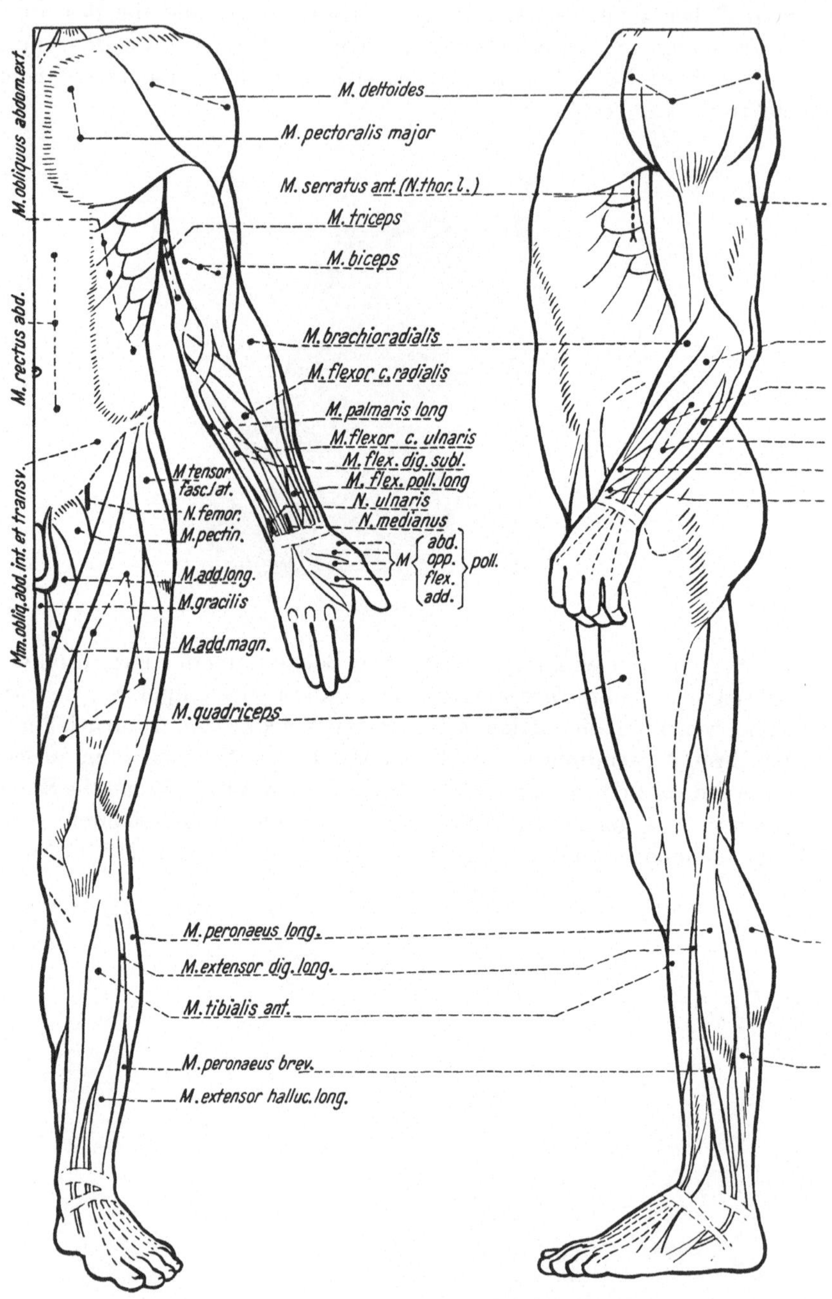

Abb. 28. Darstellung der für die Elektrogymnastik

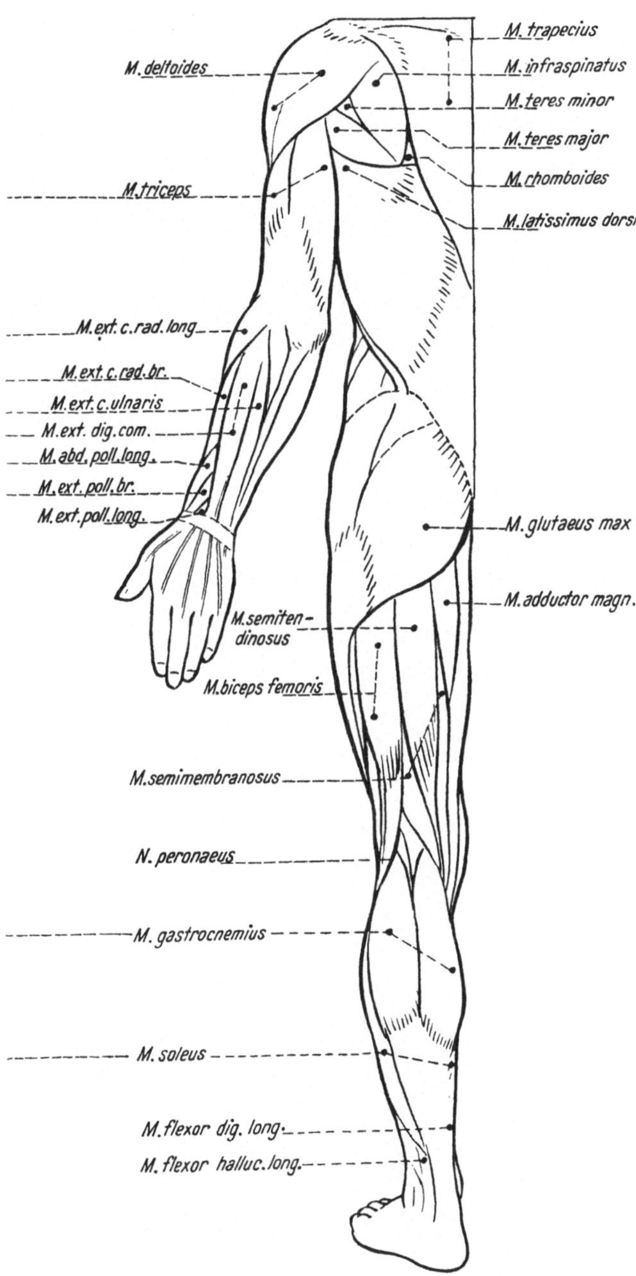

wichtigen motorischen Reizpunkte.